国家林业和草原局普通高等教育"十四五"规划教材

高等院校园林与风景园林专业系列教材

景观水工程

曹世玮　荆肇乾　孔　宇　主编

中国林业出版社
China Forestry Publishing House

内 容 简 介

  景观水工程是综合运用自然生态、人文社会和艺术美学等知识，通过对以水体为主要构成要素的空间环境的分析、设计、改造、管理、保护和恢复，实现人与环境和谐共存及环境可持续性发展的工程科学。本教材共7章，结合国家现行低碳城市、园林城市建设标准及"三水"统筹理念，对城市发展过程中涉及的人造水景、水景水质处理与维护、自然水体生态修复、湿地景观、城镇雨洪管理与景观、绿地节水灌溉系统等方面的内容进行系统、具体、全面、深入浅出的论述，侧重于城市景观水循环过程中水的特性和作用，从水体水质维护和保障出发，探讨景观水工程中水的循环及其与景观工程之间的相关性，具有较强的实用性和可操作性。

  本教材可作为普通高等院校给排水科学与工程、风景园林、环境工程专业，以及高等职业教育本科生态环境工程技术、园林景观工程、园林工程等相关专业的教材，也可供其他工程设计、施工和管理相关专业的工程技术人员参考。

图书在版编目（CIP）数据

景观水工程 / 曹世玮, 荆肇乾, 孔宇主编. -- 北京:
中国林业出版社, 2024.12

国家林业和草原局普通高等教育"十四五"规划教材
高等院校园林与风景园林专业系列教材

ISBN 978-7-5219-2499-2

Ⅰ.①景… Ⅱ.①曹… ②荆… ③孔… Ⅲ.①理水(园林)-高等学校-教材 Ⅳ.①TU986.43

中国国家版本馆CIP数据核字(2024)第007661号

策划编辑：田 娟 康红梅
责任编辑：田 娟
责任校对：苏 梅
封面设计：北京钧鼎文化传媒有限公司
———————————————————————
出版发行：中国林业出版社
    （100009，北京市西城区刘海胡同7号，电话83223120，83143634）
电子邮箱：jiaocaipublic@163.com
网　　址：www.cfph.net
印　　刷：北京中科印刷有限公司
版　　次：2024年12月第1版
印　　次：2024年12月第1次印刷
开　　本：889mm×1194mm 1/16
印　　张：7.75
字　　数：205千字
定　　价：58.00元

《景观水工程》编写人员

主　编

曹世玮　荆肇乾　孔　宇

编写人员

（按姓氏拼音排序）

曹世玮（南京林业大学）

陈　蕾（南京林业大学）

范旭红（南京林业大学工程规划设计院有限公司）

韩超南（南京林业大学）

荆肇乾（南京林业大学）

孔　宇（南京市市政设计研究院有限责任公司）

李　杨（江苏瀚能智慧科技有限公司）

吕贵芳［百川伟业（天津）建筑科技股份有限公司］

王　郑（南京林业大学）

张林防（南京林业大学）

主　审

仇付国（北京建筑大学）

林少华（南京林业大学）

前 言

　　水是生命之源，生存之本，生态之基。水在不同的环境下有着不同的作用，静止或跳跃的水给人以美好的景观体验，与水有关的景观一直深受人们的喜爱；自然或人工水体能适应环境变化，容纳并调节城市自然降水；良好的水循环生态系统能净化雨污水，保证城市的可持续发展。与水有关的景观设计和园林景观给排水系统在城市环境中也发挥着越来越重要的作用，尤其是在当前园林城市建设中，维护良好的自然水体水质，充分利用自然降水，营造和谐良好的生态景观，对城市的发展及人类的发展至关重要。景观水工程需要通过规划设计，以水为源、以人为本，让城市与水保持一种和谐共存的关系，水生态、水健康、水安全、水循环、水文化、水空间，以及水经济多个方面综合构建为一个体系。为此我们结合国家现行低碳城市、园林城市建设标准和政策及"三水"统筹理念编写《景观水工程》教材，对城市发展过程中涉及的人造水景、水景水质处理与维护、自然水体生态修复、湿地景观、城镇雨洪管理与景观、绿地节水灌溉系统等方面的设计理念、方法及施工技术进行了系统、具体、全面、深入浅出的论述，侧重于城市景观水循环过程中水的特性和作用，从水体水质维护和保障出发，探讨景观水工程中水的循环及其与景观之间的相关性，为相关领域的工程应用提供技术支持，具有较强的实用性和可操作性。

　　本教材可作为普通高等院校给排水科学与工程、风景园林、环境工程专业，以及高等职业教育本科生态环境工程技术、园林景观工程、园林工程等相关专业的教材，也可供其他工程设计、施工和管理相关专业的工程技术人员参考。

　　本教材由曹世玮、荆肇乾、孔宇担任主编，编写团队由南京林业大学的专任教师和南京市市政设计研究院有限责任公司、南京林业大学工程规划设计院有限公司、江苏瀚能智慧科技有限公司、百川伟业（天津）建筑科技股份有限公司的高级工程师等组成，具体编写分工如下：曹世玮编写第1章、3.1～3.3、6.2和7.2，范旭红编写2.1、2.2，陈蕾编写2.3，张林防编写3.4，韩超南编写4.1，荆肇乾编写4.2、4.3和5.2，吕贵芳编写5.1，孔宇编写5.3，李杨编写6.1，王郑编写7.1。曹世玮负责统稿，荆肇乾、孔宇负责审校和修正。

　　本教材在编写过程中，得到了教育部高等学校给排水科学与工程专业教学指导委员会、南京林业大学徐海顺老师、河海大学林涛老师的指导和帮助，缑津秀参与了部分图片的绘制工作；仇付国和林少华老师主审了全部稿件；在此表示衷心的感谢。

　　由于编者水平有限，书中难免有纰漏之处，敬请读者指正！

编　者

2024 年 5 月

目 录

第1章 绪 论

1.1 景观水工程概述

1.1.1 水的作用及特征

水是维持生命的最重要元素。人们需要水，就像需要空气、阳光、食物和栖身之地一样。水在不同时空背景下和不同文化环境中，对人类文明的发展、迁徙的脉络、生存质量的优劣乃至对社会与政治活动，皆产生着关键性与决定性的影响。当今时代，城市发展日新月异，水发挥着不可替代的作用：通过城市的市政供排水设施，为人民生产生活提供必需的资源；在一定的水域空间内提供航运和滨水生产功能，并调蓄城市排水；为生物提供栖息地，维持、保育、调节城市的生态平衡，并为人们的生活提供娱乐和观赏场所。纵观历史，古代城市大都依山傍水，有利的水资源条件是城市发展的基础。水不仅浸润、渗透着城市的文化和历史，还孕育、延续着城市的生命和未来。

水存在于自然界的地表或地下，其特性可以从以下几个方面分析。

（1）水的形状

水是无色、无味的液体，本身无固定的形状，但可由容器的形状造就。丰富多彩的水形取决于容器的大小、形状、色彩和质地，因此水景观设计实际上是设计一个"容器"或"通道"。

（2）水的状态

水受地球引力的作用，有时相对静止，有时相对流动，因而有静水和动水两类。静水宁静、安详，能真实、形象地反映周围的景物，给人以轻松、温和的享受；动水或潺潺流动，或喷射变化，或从高处坠落，因此，水景观的设计也是一种情绪和趣味的设计。

（3）水的音响

当水漫过或绕过障碍物，或喷射到空中再落下，或从岩石跌落到水潭时，都会产生各种各样的声音，利用水的自然声响成景或用水声来增添意境、烘托艺术气氛，是理水艺术的设计手法之一，因此，水景观的设计也包含了音响的设计。

（4）水的意境

古今中外，面对不同形式的水景，文人墨客创作了许多千古流传的文学作品。如一方简单的静水，当它被建在纪念诗仙李白的地方，题名"洗墨池"时，就会引发观者的思索产生意境。

（5）水的能量

自然界中水是一种易于流动的，具有黏滞性的不可压缩的流体，从高处坠落可获得较大的动能，同样在外部设备的增压作用下可以从低处到高处。不管是明渠表面流还是有压管流，都会由于黏滞性的存在导致能量的损失。水流动的过程是动能、势能和压能等各种能量的转化过程，因此，水在自然界中的变化本质上也是能量的传递。

（6）水的质量

水的质量通常以水中污染物质指标进行评价。自然界中的水在流动和循环的过程中会溶解各种物质，在人类社会生产和生活的干预下，水中的物质呈现多样化和复杂化的趋势，同时，由于物理、化学和生物作用，物质浓度会因形式转化或转移而降低，表现为水体对外来污染物的自净能力。但是过量的外来物质超过了水的环境容量会导致水的透明度和气味发生很大的变化，直接影响人的感受，因此必须考虑水质的变化。

景观水工程中的水在自然界中大部分以地表水体的形式展现，自然水体的主要表现形式有静水、流水、落水，现代科学技术可以利用人工设置增压设备来实现水的各方向流动和喷射，是现代水景的重要表现形式。

1.1.2 景观水工程的地位

城市中的水体包括自然水体、人工水体和城市建设中水的人工循环系统（即市政给排水系统），三者密切相关。有景观功能的水体包括园林工程中人工建造的小型独立水景，如人工池塘、静水池、人工溪流、人工瀑布和喷泉等，还包括区域内在自然河流基础上新建或改建的河道、湖泊及其沿岸滨水景观等。水渗透到城市建设的方方面面，景观水工程是水体景观、空间和城市三个复杂体联系在一起的产物，涉及城市建设、景观、文化、生态系统、水资源利用等多个领域。

1.1.2.1 城市水系规划

绿水青山就是金山银山，强调了生态环境保护与经济发展的协调统一。高品质的城市建设也需要高品质的水环境和水生态。城市水景观是指以城市范围内的江、河、湖、海及其他各类自然水体和人工水体及其邻近陆域、水际线为对象，对此范围内的生命体和非生命体，物质流、能量流、信息流进行综合处理，将自然生态系统和人工建设系统相互交融所形成的人类感官所及之审美对象及空间要素。水域既包括宏观的自然水体，也包括微观的水池、人造喷泉瀑布等。城市水系不仅是现代城市存在和发展的基础，也是体现城市资源、生态环境和空间景观质量的重要标志和城市总体空间框架中不可或缺的组成部分。随着城市化、工业化进程加快，城市河流逐渐失去了其自然属性，而城市水生态的日趋恶化严重阻碍了人居环境的可持续发展和景观价值。传统规划工作在城市总体规划的统筹下，分项开展蓝线、防洪、给水、排水、生态修复等专项规划，能够通过技术手段解决城市建设的基本诉求，但仍存在诸多问题与局限。一是缺乏对水历史、水文化的足够尊重，尤其在快速城镇化进程中重点关注城市开发建设的速度与效率，导致城市空间往往呈现机械式拓展，传统水文地理遭受破坏，地方传统涉水文化往往消亡；二是规划工作缺乏统筹，涉水专项规划经常面临主体、范围、进度、深度错位等问题，工作成效大打折扣，同时多学科、多环节、多途径协同发力导致在实际工作中难以形成合力；三是涉水规划在城市发展中的地位不够，无法对城市功能布局、竞争力塑造、宜居水岸打造产生应有的影响，无法充分发挥其生态价值。如何通过规划设计，以水为源、以人为本，在满足城市用水的良好循环的前提下，打造城市水景健康有活力的水域空间和水景观是确保人、水、城、自然协调发展的重点，是实现城市化良性发展的必要条件，让城与水保持一种和谐共存的关系，提升城市品位，改善人类居住环境，是当前城市建设中实现可持续发展的前提和基础。许多城市都开始着手按照"沟通水系、调活水体、营造景观、改善生态"的要求来建设，着力构建生态水环境体系。同时，依托优质滨水岸线资源集聚城市优势功能，也是促进生态价值转化的重要途径。

城市水系规划应在景观艺术和工程科学技术基础上，剖析水系的斑块、廊道组成与营建要点，建立水系景观网络的组织，在自然水体的基础上增加人工水景，创建水系的景观保护区，将非常规水资源管理纳入城市规划，并对非常规水资源景观利用进行有效的引导，以实现城市河湖沟通、水系相连（杨至德，2016）。

城市水系规划还要体现地方特色，必须充分考虑城市空间景观形象的展现和塑造，形成有地方特色的滨水空间景观。如云南芒市根据城区现状水系特点，核心区构建"一脉、十水、多点"的城市水体总体格局，其中，"一脉"是跨越城市的芒河，"十水"是周边支流，"多点"是城市区域内分布的大小湖泊、湿塘；广东东莞的石马河流域综合治理项目在城市规划的框架内，以全流域系统治理为基本原则，形成提质净水、安全供水、生态蕴水、文化兴水、智慧控水"五位一体"的治理思路，涵盖了水环境治理、水安全保障、水生态修复、水景观提升、数控化流域五方面措施，进行全方位一体化综合治理，这也是景观水工程在城市水系规划领域的重要体现。

自然降水会影响城市水系水位的变化。雨水也是一种水资源，城市水系规划应贯彻落实绿色发展理念和海绵城市建设要求，促进雨水的自然积存、自然渗透、自然净化，满足内涝灾害防治、面源污染控制及雨水资源化利用的要求。如山东威海市石家河下游入海段规划，采用水力数学模型测算洪水淹没风险范围和潮位特点，在用地布局中预留出足够的生态空间作为洪涝的调蓄空间，形成吸纳洪涝水的海绵体，充分发挥其蓄水、滞水、涵养水源的功能，打造了东部滨海新城海绵城市建设示范先行区。

1.1.2.2 市政给排水系统

市政给排水系统是实现水的人工循环的系统，是城市公用事业的组成部分，也是城市总体规划的组成部分。狭义的城市市政给排水系统包括城市给水系统和排水系统，即从水源地取水并进行水质处理后输入城市供水管网，满足城市工业、农业、人们生活、消防、绿化等方面用水的需求，再收集使用过程中被污染的水和气象降雨形成的地表径流，并将污水进行净化后排入水体。广义的市政给排水系统不仅包括城市供排水管网和设施，还包括城市中地表水和地下水系统。其中，地表水是城市景观的重要构成部分，具有防洪排涝、生态保育、娱乐游憩、居住生活、景观美化、航运通道等多重功能。城市中水体的功能是多样的，功能实现的基本条件是满足水质、水量、水压、水域空间四个方面的要求。

（1）水质

自然水体中含有不同的物质，物质类型和浓度的变化主要受外源输入影响，且会随着环境的影响发生变化。不同的水质使水表现出不同的性状。从景观美观角度考虑，水体应无色无味、清澈透明，即要求水中物质不能超过一定的浓度。自然水体对进入水中的物质都有一定的自净能力，即水体受到污染后，通过一系列的物理、化学和生物作用，感官性状可逐渐恢复到污染前的状态。但是水体的自净能力有一定限度，外来物质超过某一限度，水体水质会进一步恶化，严重的会变成黑臭水体，严重影响水体的景观效果。因此，当水体自净能力无法保证水质以实现其功能的可持续时，人工循环和净化工艺的介入是保障水体功能实现的必要手段，需要相应的给排水系统和水质处理技术支撑。

（2）水量

自然水体的地表水和地下水是相通的，在不同的季节呈现不同的水位，也会形成不同的景观风格。水体水量会因蒸发、渗漏减少，尤其是仅有降雨补充的人工水景。人工水景要考虑保持一定水位以保证景观效果。水景水量的维护要在做好防渗漏的基础上根据蒸发量进行补水，补水要合理选择水源，并辅以完善的管网以保证水源的供给。我国是一个缺水的国家，水景的设计以市政自来水作为水源是不经济的，很多项目最终因为水费过高难以维系，变成了旱景。在水量平衡的基础上合理选择中水和雨水作为人造水景水源的首选，并通过循环系统提高水的重复利用率，减少补水量，也属于市政给排水的范畴。

（3）水压

水的流动必须要有压力，这种压力可以由地形高差造成的势能提供，也可以通过外加机械动能（即给排水系统中设置增压供水系统）来提供。动态水是水景的主要表现形式之一。动态水景的设计要以节水节能为前提，充分利用设计区域地形，减少外加动力的提供。在考虑外来增压时，也要优选先进的节能增压设备，并与绿色能源（如风能、太阳能）相结合，最大限度减少电能的消耗，降低运行成本，实现水景的可持续性。

（4）水域空间

市政给排水系统不仅要提供水景所需要的水

质、水量和水压，还要对自然降水形成的地表径流进行有效的管理。水景中大面积的水体，可以在雨季蓄积雨水，减轻市政排水压力，减少洪涝灾害发生的概率。而蓄积的水源又可以用来灌溉周围的绿地等，尤其是在干旱季节时，蓄水既可以用作饮用、洗漱等生活用水，还可用于绿化灌溉、道路冲洗和火灾扑救等。随着城市建设的发展，城市雨洪管理的理念从传统的快排转化为缓排、滞留，因此要求城市空间里要设置足够的水域空间来容纳雨水，这些空间也称为雨水景观设施。雨水景观设施不仅是城市雨水排水管网的组成部分，同时也是城市景观的一部分，因此营造具有较好景观效果的雨水景观设施也是市政排水系统的任务之一。城市可持续发展建设中的雨水景观设施能实现对雨水的有效管理和利用，也属于城市排水系统的范畴。如何管理好雨洪，充分利用雨水资源，针对当前城市海绵城市的建设要求和方法，建设具有良好的雨水利用设施不仅是市政给排水系统的研究重点，也是雨水景观研究的重点。例如，在景观设计当中，将绿地设置成下凹式，避免雨水积存，实现雨水就近渗出，是一种操作性较强的方式。修建雨水蓄水池，将可利用的雨水存储起来，为景观水体或人工湿地建设做准备，可实现雨水循环利用的目标。

城区地表水系的"通、净、绿、亮"是水环境整治的治理目标。因此，与景观结合，创造并维持可持续发展的水环境、水生态，是景观水工程在城市给排水系统领域中的重要任务，更是当前城市水污染防治、城市雨洪管理和雨水利用在城市建设过程中重要地位和作用的体现。

1.1.2.3 园林景观工程

景观是指土地及土地上的空间和物体所构成的综合体，是复杂的自然过程和人类活动在大地上的烙印。景观包括自然景观和人工景观。自然景观是地球表层自然的、生物的和智能的因素相互作用形成的复合生态系统，随着人类活动的参与，越来越多的自然景观受到影响，有些影响是积极的，有些影响则是对自然景观的破坏。人工

景观是在城市建设中为提高城市品质，以工程技术为手段，塑造景观艺术的形象，包括园林工程中地形改造的土方工程、掇山置石工程、园林理水工程和园林驳岸工程、喷泉工程、园林给水排水工程、园路工程、种植工程等。景观要素包括地形、气候、水、生物、土壤以及社会文化因素，水是所有元素中最具有吸引力的一种，它极具可塑性，并有可静止、可活动、可发出声音、可以映射周围景物等特性，因此可单独作为艺术品的主体，也可与建筑、雕塑、植物或其他艺术品相结合，创造出独具风格的作品。理水工程和喷泉工程即在人工干预下的景观水工程。景观在未来发展过程并非绿化、铺装、构筑物、小品等的简单组成，而是糅合了滨水景观、河道两岸城市规划、产业经济发展剖析等多重内容的"大景观"，是构成可持续发展城市的重要组成部分。

"水令人远，景得水而活"，水景是园林工程的灵魂。水面具有将不同园林空间、景点通过线或面的形式连接起来产生整体感的作用。组景过程中，统一散落的景点采用借声、借形、借色、对比、衬托等手段，协调园林中不同环境，构建出不同的富有个性的园林景观，如小型的居住小区水景、庭园水景、街头水景，再结合小型的雕塑，配以音乐灯光形成千姿百态的动态声光立体水流造型，形成一种向心的、内聚的空间载体，从而引起人们的注意，吸引人们的视线，构成景观焦点。大面积的水面视域开阔、平坦，能托浮岸畔和水中景观，作为景观基底，提供较大的活动空间，如河滨、海滨、湖滨等，在构景的同时重视景观文化元素与城市环境的和谐关系，展现城市的文化底蕴，提升景观的文化品位；或结合城市规划，与城市空间的水环境有机融合，因地制宜选择天然水域、水库或兼有防汛抗洪功能的水利水网，在自然水体的基础上加以改造、调整，或人工开挖形成新的水面，构成一定宽度的线形穿越，或以广阔的水体为核心设计开敞的景观，构成水网与绿网等相互交织形成网络状的园林景观，如江苏滨海县玉泉河景观工程充分利用海滨城市的海洋捕捞的地域文化特色，通过雕塑、植

被、道路、景观亭、拱桥等景观要素的巧妙搭配，完美地将"航、渔、归"三个主题融入滨水景观设计。湿地景观也是与水有关的景观，包括滩涂、沼泽、人工湖和湿地等。

景观中的水景和其他景观要素（如植物）与人类一样具有生命，即随着时间生长、变化，这种变化使得不同区域的景观在不同时期具有独特的自然属性和人文属性，给人类带来不同的体验。因此，水景的构造并不是单一的艺术构造，更重要的是考虑水景运行过程中的变化。水景的运行和发展是生态景观系统的重要内容。目前流行的水景景观设计中，存在一些误区，例如，某些水景住宅区域的景观设计中的水只是一种摆设，只发挥了其景观功能，缺乏亲水功能；某些小区将滨河景观整治成钢筋混凝土的渠道，完全改变了一个动态的自然景观系统，扼杀了河道两岸动植物的生存环境，破坏了环境的生物多样性。

生态景观系统最明显的特征是具有一定的环境容量，通过系统里微生物、植物、动物等保持系统能量的平衡，特别是水体对外来污染物质的自净容量（朱莉·戴克，2017）。将艺术与工程技术相结合才能设计出好的城市水景观，让水景观更加生动、更具有魅力。因此，在水系沟通、湖泊开挖、水景观构造设计之初，必须考虑项目所在地的地质、水文、地貌和土壤等状况。如果项目在北方，还应了解冰冻线深度，为地形改造和水体设计提供技术基础，从而避免发生水体漏水、土方和驳岸塌陷等工程事故。在水源的选取上，选择可持续的水源，如北京奥林匹克森林公园中的水景就是建立在雨水回收与利用的基础上。

水景要在体现艺术的同时，方便水体水质管理，避免外来污染物的影响，采用各种措施提高水体的自净能力和环境容量（杨钟亮，2022）。如福建闽江公园依据具体地势构建动静结合的水景，不仅活跃了公园的场景氛围，而且通过水的流动提高水体溶解氧含量，强化好氧微生物降解外来污染物的能力。提高环境水体容量的另一个重要措施是结合园林绿化，依托水体设置根系发达的水生或陆生植物强化水体自净能力，在美化环境的同时实现绿化。如福建南平建瓯小松溪安全生态水系建设项目中针对水质的需要，在植物配置上注重功能性、艺术性和科学性，在对植物的种类和色彩进行配置的基础上，形成水域空间和水、陆生物群落交错带，营造生物群落的重要生境，提高了水体的环境容量。

景观水还是城市历史、文化和娱乐休闲商业活动的载体。水是自然的、物质的，文化是社会的、精神的。一方面，水文化依附于水景而存在，水景也只有注入文化内涵，才更具魅力和个性，两者的有机统一使水景成为自然景观和人文景观的重要组成部分，使水文化得以延续、传承和创新。中国古代水景素有高雅脱俗、韵味无穷的美称，常常通过水景来继承和弘扬文化精神，如为了纪念林则徐焚烧鸦片而建造的广东虎门喷泉广场，采用喷泉水形、彩灯烘托及激昂音乐打造出熊熊烈火的形象，象征中华民族的浩然正气。现代水景也要在秉承传统理水理念的同时，结合当地文化和环境需求，创造出意蕴广博深厚的现代水景景观。另一方面，人们对水上休闲活动及水上运动的日渐喜爱，带来了水上旅游业的无限商机。建立独特的水景观，开发有特色的城市水系旅游，可以开拓新的旅游领域，发掘新的旅游资源，也为城市水系恢复提供机会，还能达到以旅游养环保、以环保促旅游的目的，形成环保与旅游的良性循环。景观水工程发展不仅作为城市焦点具有重要的地方意义，而且为复杂的城市更新提供机会，对于解决城市空间优化、提高城市环境品位及竞争力起着非常重要的作用。

城市水系规划要从宏观层面理水，市政工程中的供排水系统设施要体现景观特征，景观中的园林理水和人造水景要符合水循环的工程技术要求，因此，景观水工程是一门设计艺术和工程科学深度融合，建立在广泛的自然科学和人文艺术学科基础上的应用学科，其核心是协调人与自然水体的关系，通过水体人工循环和自然循环的结合，进行科学理性的分析，确定合理的解决方案并予以实施，对水景观进行维护和管理。

1.2 景观水工程发展概况

景观水工程是与水景密切相关的。本节结合国内外水景发展史，阐述景观水的发展与艺术，通过介绍水景发展史，提高艺术修养，以期在今后进行景观水设计时增添艺术性，找到美之所在，同时也有利于在设计和施工中更好地理解景观水工程的内涵。

1.2.1 国外景观水工程发展概况

1.2.1.1 古罗马、古希腊及文艺复兴时期

最早有记载的水景是公元前6世纪巴比伦空中花园中的喷泉和建于公元前4世纪的古罗马庞贝城。欧洲的理水工程以供奴隶主饮用与享乐的饮用水泉开始发展，后演变成装饰性泉。公元前2世纪到公元前30年，古罗马鼎盛时期建的公共浴场具有社交、娱乐和健身的综合功能，最著名的是卡瑞卡拉浴场，设有水盘、水幕与水池，已有人造水景的雏形。公元前1世纪的古罗马园林建筑群中可见河水引入庭园，小岛屹立池心，凉亭水榭、雕塑祭坛林立，利用地形高差、跌水、瀑布、喷泉、几何形水池自成系统。这类水景工艺发展到城市广场、交叉路口，至今仍被欧洲各国的皇宫、贵族宅院广泛借鉴应用，如海德里皮皇家别墅，除了豪华建筑群、中庭列柱环抱外，还沿柱安放喷水的雕塑、接水的水盘、水池、水瓮组成景观水系列。

欧洲文艺复兴（14~16世纪）时期，"欧洲艺术明珠"意大利佛罗伦萨市是文艺复兴的发源地，文艺复兴的黄金时代，越来越多的雕塑喷泉工程用于装饰城市广场与私人宅院，如海神雕塑喷泉，集合了各种文化元素。此时期理水或人造水景的基本特点是使质朴大自然的地形地貌、江河水流，按人为的黄金分割几何对称进行构造，将圆形、三角形、梯形等几何形状组成花坛平面、坡道，以攀缘植物作为点缀，并用水流加以串接，如意大利台地园的典范埃斯特庄园，充分利用地形地貌建造园林与理水，利用地坡与高地精心设置多级叠落瀑布，用600m管道引安澜河水至高地水库，用管道以77.2m³/min流速向下输送，供园内50多个景观水点用水，最著名的有百泉喷泉、龙泉等，分成数级台阶层层跌落，泄入盛水池，气势恢宏，蔚为壮观，其间穿插着多种多样的趣味小喷泉，如"水风琴"喷泉、"猫头鹰"喷泉、兰迪庄园的喷泉水渠等。

1.2.1.2 伊斯兰理水艺术发展

伊斯兰理水艺术是景观水的另一支主脉。公元7~8世纪，阿拉伯人在扩张的过程中创造了伊斯兰文化，根据教义与信仰，一并创造了独特的理水艺术，即为生存所需的灌溉理水、宗教需要的斋戒沐浴理水、保持民族习俗需要的装饰理水，景观水成为教堂、庭园的要素。最著名的是西班牙阿尔罕布拉宫，其建于14世纪，中央喷泉有12头狮子背对着主喷泉，泉水从狮子口喷出，流向十字水渠，水渠四角各有小喷泉，水渠相交处做成几何形水池，供沐浴与灌溉。伊斯兰理水艺术已非单一的景观需要，而是注入了独特的象征与理想，讴歌"水滋养着生命，灌溉着绿色"的主题。公元7世纪，印度泰姬·玛哈拉陵是伊斯兰建筑在印度的典型代表，陵寝主体的后部即象征天堂的十字形水池，池水如镜，在蓝天白云的辉映下，白色大理石建筑的高洁刚毅与水面的柔和平静创造了华丽素雅的氛围，既令人愉悦又引人遐思。

伊斯兰独特的理水艺术不断创新。沙特阿拉伯建造的法赫德国王喷泉（也称吉达喷泉）是目前世界上最高人造喷泉，配备3个主水泵、18个副泵抽取红海海水，自1985年开始使用以来便被国际公认为建筑杰作，如今也成了吉达的象征，喷出的水柱高达312m。

1.2.1.3 近、现代科学发展时期

16世纪下半叶至18世纪，科学技术飞跃发展，在工业技术的支撑下，特别是水力学的创立与水力机械的开发，使景观水创作转入压力流状

态，理水艺术家可根据设计理念随意创作。景观水艺术达到又一个高峰，水景主流由静向动转化，由单一向多样转化，水瓮、泉水、喷泉雕塑、植物配置融为一体，使人赏心悦目。著名的有法国维康府邸花园、凡尔赛宫大花园中的阿波罗喷泉和拉托娜喷泉，俄罗斯彼得宫内的雕塑喷泉。17~18 世纪涌现出很多著名的水景，如丹麦哥本哈根市的杰芬喷泉，罗马许愿池（别名幸福喷泉），罗马那佛纳广场的摩尔人喷泉和四河喷泉，布鲁塞尔的于廉喷泉等。还有一些以自然水体为景的水景，如瑞士首都伯尔尼市利用横穿市区的自然水体阿勒河作为全市中心水景观，以及安道尔国城市中心山溪汇流等。19 世纪后工业科技的发展使景观水艺术更加丰富多彩，如瑞士日内瓦湖内高达 145m 的巨大喷泉水柱、法国巴黎的阿加姆音乐喷泉等。

20 世纪以前，景观水艺术主要集中于城市广场、繁华路口、宫廷官邸、公共建筑、园林景区。20 世纪以后，水景从点到面，普及延伸到人们生活起居的环境之中。景观水住宅的经典当属赖特设计的流水别墅，其位于美国宾夕法尼亚州费耶特县米尔润市郊区的熊溪河畔。从远处看，住宅像是数个岩块叠起，顺山势延伸，瀑布则流经建筑物下方，在室内可以全方位欣赏到水景。流水别墅已被联合国教科文组织列入《世界遗产名录》。

1.2.2　中国景观水工程发展概况

中国历代都城均大力发展城市水系，充分利用自然水体有组织地开挖沟渠，使水系成为城市的血脉，不仅达到了"水用足"的要求，而且对防洪、航运、美化环境等起到了重要作用。中国古代的理水实践主要有生活需要、安全防御、标志符号、制礼作乐、宗教崇拜、风水堪舆等方面。水景观的源起与形成经历了一个由实用到审美，以风水、巫术、朴素的哲学思想等为中介，以劳动实践为前提的漫长历史发展过程，其中还渗透着人类模仿自然的需要，表达自身追求和理想的冲动及游憩的本能，是人、水、城发展进程的必然产物。

1.2.2.1　中国古代

（1）殷商至战国时期（公元前 221 年以前）

殷商时期的园林以"囿"与"台"为特征，有"娱神"的性质，也有"娱人"的内容，已出现中国园林的雏形，有了景观水的表现区域。孔子总结从上古五帝至春秋战国时期的中国园林发展史，提出"智者乐水，仁者乐山"，水的流淌自如被看成智者的象征，山的宁静自守被看成仁者的象征，智者和仁者都会由此选择自己所爱的自然环境，这已近乎现代心理学的心理格式对应关系了。

（2）秦汉时期（前 221—公元 220 年）

园林建筑确立了山水体系布局的"一池三山"的模式，从而提高了水体在园林中的地位，使水景观与山体、建筑成为鼎足而立的中国传统园林景观要素。

（3）隋唐时期（581—907 年）

隋唐时期是我国园林建筑艺术形成的又一高潮时期。隋炀帝时期的西苑建于公元 605 年，据《海山记》记载，内有曲水池、曲水殿、冷泉宫、凌波宫等景观水景点。唐贞观十八年（公元 644 年）建华清宫，因有温泉从骊山麓流入，亦称"温泉宫"，是以温泉浴为主的离宫苑圃。华清宫御汤池中"有双白石莲，泉眼自瓮口中涌出，喷注白莲之上"。

（4）宋元时期（960—1368 年）

园林艺术向精美细腻、醉心于手法的发挥和着意于形式美观的景观体系发展，叠山、理水、莳花都十分考究。南宋淳祐年间（1241—1252 年），临安府（今浙江省杭州市）黄龙洞建"黄龙吐水""青龙吐水""二龙戏水"等景。元代宫苑，以金代中都的琼林苑和琼华岛为中心，引金水河水西流到万岁山后，用龙骨水车，汲至山顶，从右龙口流注于方池，再顺流至仁智殿，由石刻蟠龙高昂之龙头口中喷出，然后东西分流入太液池。

我国的园林艺术发展至元代，相当于欧洲文艺复兴初期，水景多依托自然水流，属于理水艺术，具有"一池三山"精美细腻的中国特色。

（5）明清时期（1368—1911 年）

明清时期是中国古典园林发展的第三次高潮，《徐霞客游记》记载云南鸡足山内有一处用锡管将山崖水接至水池，至亭沼喷出，形成了壮观的喷泉。清朝最具代表性的是始建于康熙四十八年（1709 年）有"万园之园"之称的圆明园，以水为主题，因水成趣，变幻无穷的水系构成了山重水复、层叠多变的百余处景点空间，既是自然景观的缩影，又体现了烟水迷离的江南水乡风物。"石令人古，水令人远，园林水石，最不可无。要须回环峭拔，安插得宜。一峰则太华千寻，一勺则江湖万里，又须修竹、老木、怪藤、丑树交覆角立，苍崖碧涧，奔泉汛流，如入深岩绝壑之中"（《长物志卷三　水石》），说的是明清园林理水的精巧缩微景观。

1.2.2.2　中国近代

中国古典园林的水景，在漫长的历史进程中发展演变，在相对封闭的社会环境中一脉相承、自我完善，最终成为理水手法高超、文化内涵丰富、自然情趣浓厚的水景体系。清末民初，封建社会完全解体，历史发生急剧变化，西方文化大量涌入，水景的发展也随着园林的发展相应地产生了根本性变化，开始进入现代水景阶段。

1.2.2.3　中国现代

20 世纪末期，中国经济建设迅速发展，设备供水能力的提高，带来了人造景观水艺术的空前发展，涌现了各种大规模的水景。亚洲第一大人工瀑布公园——昆明瀑布公园，位于牛栏江－滇池补水工程入滇水口，是集昆明城市饮用水通道、景观提升、滇池治理等多功能于一体的综合设施建设项目。瀑布公园景观区充分利用牛栏江引水地势自然落差，建造了高约 12.5m、宽约 400m 的人工瀑布；西安大雁塔喷泉创造了世界光带最长、首家直引水、音响组合规模最大等多项纪录。

水景也能应用于各种大型活动表演。如 2013 年东亚运动会开幕式演唱会中采用的水幕电影技术也是水景的一种形式，其是一束光束照射在水面，展示了较强的立体电影效果；2019 年世界军人运动会在武汉召开，在开幕式演出中，在舞台下方的空间中藏有一个 1m 深的水槽，机器设备能够在极短时间内将水送到舞台上的指定区域，再结合影像，实现长江、黄河影像多次以实体水景形式出现，通过绚烂的灯光色彩、中国美学的写意手法和当代艺术表现形式，将东方文明的底蕴和当代中国的勃勃生机淋漓尽致地展现出来，创作出一幕幕恢宏壮丽的诗篇，给观众以沉浸式体验。

随着人们对居住环境品质要求的提高，人造水景也从城市公共区域逐渐拓展到住宅区、滨水区。大量现代化高品质住宅区内都设置了小溪、人工湖、喷泉、静水池等水景，提高了小区的品质。城市滨水空间中的水体与其他景观要素的融合日益受到学者关注，现代城市滨水景观设计主要针对水陆交接地带和滨河（湖）湿地类，结合城市防洪排涝和水利条件，确定水景的形式、形态、平面及立体尺度，实现与环境相协调，形成和谐的度量关系，构成主景和辅景、近景和远景的丰富变化，营造可持续发展的自然居住环境。

1.3　景观水工程发展趋势

结合城市发展对景观水工程要求，其发展趋势主要有以下几个方面。

（1）提升设施设备性能，丰富景观水艺术形式

20 世纪前半叶，人造景观水主要采用离心泵，因此，除景观水主体外，还需设计与建造附属水泵房，占地面积较大，管理较复杂，造价较高。随着机电技术的发展，一方面，高性能、密封性能良好的潜水泵进入市场，漏电安全保护系统安全可靠，水泵可直接安装在水池内，不需要另设泵站，使水泵效率提高，管道系统简化，水头损失减小，能耗降低。另一方面，水泵工作能力的提高使得一些超高喷泉得以实现，如济南市大明湖 108m 喷泉、银川市丽景湖公园 128m 喷泉、东营清风湖公园 128m 喷泉等。雾化设备、造浪设备、气压涌泉设备、水幕电影、激光以及各种光源、高性能电器元件等的开发与利用，也为人造景观水艺术开辟了更为广阔的空间。随着信息技术的发展，控制方式也日益提高，由最初的小型人工控制发展到程序控制、外接音乐控制、计算机音乐控制，使人造景观水艺术成为变幻的雕像、有形的音乐、壮丽的舞台、缥缈的幽境，人造景观水成为独立的艺术门类。景观水项目在不同的区域可以体现不同的功能性，多功能性的景观水项目也在城市建设中脱颖而出。人造景观水艺术在发展初期主要以观赏性为主，后来参与性与趣味性的景观水艺术形式层出不穷，使人既得到艺术享受，又能与水亲近，尽情嬉戏。环境中的水还可以改善微气候和空气质量，提高人的舒适度和体验感。

（2）重视节水设计，打造可持续型水景

景观水工程艺术形式的体现需要足够的水量、洁净的水质来保证，但是随着全球水资源紧缺和水污染严重，很多具有很好设计理念的水景却因为后期水质、水量的维护问题而得不到实现。景观水的主体是水，节水型、可持续型水景设计已成为主要发展趋势。水量的问题可以通过开源节流来保证，因地制宜采用非传统水源，并通过设计保障水质指标是保证水景良好运行的前提条件。雨水和中水等非传统水源是当前全球提倡采用的。国内外很多城市都重视雨水的利用，例如，德国是目前世界雨水收集利用最先进的国家之一，收集的雨水，可以作为人造水景的补充水，还可以作为绿化用水，回用率高的区域甚至实现了对城市洁净水资源的零消耗，如位于柏林市中心的波茨坦广场，规划了 13 042m² 的水面，总共可收集 15 000m³ 的雨水。在海绵城市建设工作中，景观水空间因具备调蓄功能，可以作为城市雨水、洪水的通道、中转空间或永久储存体。如何将雨洪管理与城市的自然条件相结合，创造出特有的雨水景观，设计有景观效果的具有"渗、滞、蓄、净"功能的海绵工程设施，逐渐成为景观水工程的研究重点。此外，还可以通过种植节水、耐旱植物进行节水，通过设计开放的空间、雨水花

园、本土植物等提高水的利用率等。科学的水空间规划需要建立在水资源的系统谋划下，结合本地自然降水规律，优先充分利用雨水和再生水资源，尽可能保护地下水和过境水，增强雨水径流控制能力和雨洪蓄滞能力，协调水资源时空分布不均等难题，实现城市水体安宁有序、川流不息。

景观工程中的园林景观绿地不仅可以供游人观赏，还可以改善局部小气候，有城市"绿肺"的美誉，在环境中起到了相当重要的作用。园林绿地景观的效果取决于绿地的建植和养护。灌溉是弥补自然降水在数量上的不足与时空上的不均、保证适时适量地满足植物生长所需水分的重要措施。"三分种、七分养"，养护的关键之一是如何做到科学灌水，这也是节水型、可持续景观的重要体现。

（3）深度融合景观营造与"三水"统筹

我国"十四五"期间污染防治攻坚战的工作重点是减污、降碳、强生态。减污就是降低污染物排放，可以进一步拓展为提气、增水、固土、防风险。其中，增水就是要增加好水，增加生态水，改善水生态，做好"三水"统筹，即统筹水资源、水生态、水环境。水资源针对的是我国当前水资源配置不合理、河流湖泊断流干涸或生态流量不足、缺水地区存在高耗水生产方式等问题；水生态是针对河湖生物完整性指数下降、自净能力降低、湖库富营养化等问题；水环境则指水环境质量，主要针对饮用水水源水质不达标、城市农村存在黑臭或劣Ⅴ类水体等问题。水体治理和维护保证水质安全也是景观水工程的重要工作内容。我国早期城市发展过程中的粗放式开发导致很多城市水体面积减少，径流污染和非法排污导致城市河道水质恶化，甚至出现黑臭现象，破坏了人居环境，严重影响城市的形象和居民的感受。沟通水系、调活水体、营造景观水、改善生态是美丽中国建设的重要内容之一，这是城市河道滨水空间规划与设计、景观水工程与水环境治理领域共同研究的重点。

自 2014 年以来，国家层面不断推进海绵城市

建设工作，海绵理念也快速渗透到各个领域，包括地产地块、工业企业地块、道路工程、水体工程和景观工程等。在碳达峰、碳中和，以及高质量发展背景下，污水处理与景观打造已成为城市重大建设工程的关注点。景观工程是较为理想的海绵体，在不影响美观的前提下将海绵理念引入景观工程设计过程中，可以使常规景观工程兼具美观和海绵功能，结合城镇化建设要求，更好地满足人们对高品质居住空间的追求。

综上所述，景观水工程需要通过规划设计，将工程技术和艺术设计相结合，以水为源、以人为本，在充分尊重自然水体变化特征科学性的基础上，让城与水保持一种和谐共存的关系，构建一种水生态、水健康、水安全、水循环、水文化、水空间及水经济等多维度理想体系，创建更为优质全面的城市环境。

思考题

1. 城市建设中，对水的管理及水景的营造，需要考虑水的哪些特征？

2. 景观水工程与城市建设领域的应用主要从哪几个方面体现？

3. 景观水工程在低碳城市建设中的发展趋势是什么？

推荐阅读书目

1. 园林景观设计简史.李群，裴兵，康静.华中科技大学出版社，2019.

2. 水资源规划及利用.雷晓辉.中国水利水电出版社，2022.

3. 可持续景观规划：重新连接的景观.保罗·塞尔曼（Paul Selman）.邵钰涵，薛贞颖，译.同济大学出版社，2022.

4. 蓝绿交织山水融城——城市水景观规划设计理论、方法案例.胡洁，韩毅.中国建筑工业出版社，2018.

第2章
静水景观工程

静水景观是指以自然的或人工的湖泊、池塘、水池等为主的园林景观设计对象，是自然环境和城市环境中最常用的水景形式。静水景观以平静的水面为主，结合建筑、山石、观赏植物等形成有层次的景观设计，增加景观观赏性，并营造一个让观赏者在心理和体能上放松的环境，让人在喧闹的城市中产生幽深幽静之感。静水景观适用于住宅周边或庭院等私密性较强的区域和校园、医院、养老院、公园休息区等对安静程度要求较高的区域。静水以其可塑性、长久持续的生态培育功能和相对稳定的水文状态，给予人类生存与利用水资源的种种可能，并成为区域社会生产、生活、生态系统和环境综合景观中的重要元素。

2.1 静水景观作用

静水景观的作用主要体现在以下几个方面。

（1）提升景观效果

在公园或居住区中，利用容器、光影和载体构成一个画面，水面以片状汇聚展现、宁静、祥和，蕴含着充盈的意境和无限的生命力，让人产生无限的想象力，这就是静水景观。水本身是无色的，但是置于不同的环境中，可以表现为青、绿、蓝、黄等颜色，如紫草、红叶、雪景等色彩斑斓的景物倒影可将静水变得五彩缤纷；外来的扰动也会带来水面的变化，如风乍起，吹皱一池春水，或波纹涟漪，波光粼粼，美不胜收。影即静水的镜面特性形成的倒影、反射、逆光、投影、

透明度，不同角度给人以不同的视觉效果。静水的游赏形式以静态观赏为主，常见形式有水滩、镜池、栽花池和水池等。人工静水景观即通过人工的方法，在合适的位置设计静止的水体，在划分环境空间功能的同时，提升景观的层次美。

（2）改善城市微气候

水体的面积和布局是影响小气候效应的重要因素。近年来，随着城市建设的高速发展，城市热岛效应也越来越明显，此外，城市中的自然绿地、林木和水体也在逐渐减少，缓解热岛效应的能力被削弱。缓解城市热岛效应的有效措施是因地制宜增加绿地、水面，以及合理布置建筑以便于空气流通。水具有高热容、可流动、可蒸发的性质，水面可以增加邻近区域的空气湿度，因而能有效改善小气候，减弱城市独有的"热岛效应"，这种效应可使城区和城郊产生4~6℃的温差，提供舒适宜人的空间（李泉 等，2004）。因此，在城市内或靠近城市的河道上截流或人工开挖建水池，在高档住宅区和大型公共绿地中配置水池的案例大量涌现。

（3）拓展城市雨洪调蓄空间

城市水系在城市排水、防涝、防洪及改善城市生态环境中发挥着重要作用，是城市水循环过程中的重要环节。传统城市开发建设模式，由于下垫面的过度硬化，破坏了水的循环路径，使水文特征发生变化，对城市水生态、水环境、水资源等造成巨大影响，加大了灾害风险。部分城市已经明确建设项目地块内雨水须经过调蓄设施再进入城市排水系统，既有利于削减峰值流量，同

时也能兼顾雨水的收集利用。地下式的雨水调蓄空间造价高，受地下水影响大。结合城市地形，在自然水体的基础上改造或增设水池，构成城市水系的一部分，以一定的水量容纳空间调节超标雨水径流蓄存与排放，作为区域防洪的工程措施之一，不仅能有效控制城市降雨径流，还能最大程度地减少城市开发建设行为对原有自然水文特征和水生态环境造成的破坏。如江苏苏州狮山广场，根据地形特点，将景观湖作为雨水利用的调蓄设施，对景观湖、水体及广场的径流量进行了水量平衡分析，在景观湖体最高水位2.8m（水岸高度标高为3.5m）时，可以保证安全的情况下收纳山体和广场的雨水。同时，广场绿化浇灌、道路冲洗等用水可采用湖边设置预制加压泵站抽取湖水，不仅充分利用了雨水，而且减轻了市政管网和城市防洪排涝的压力。

2.2 静水景观类型

按照景观位置和规模大小的不同，可将静水景观分为人工湖和人工水池。人工湖多依靠景观河流、湖和池塘设计，取自天然水源，一般不设上下水管道，面积大且只做四周驳岸的处理。人工水池可设于园区内或室内，面积相对较小，多取自人工水源，因此必须设计池体结构和给排水系统。

2.2.1 人工湖

湖属于静水景观，有天然湖和人工湖之分。前者是自然的水域景观，如杭州西湖、南京玄武湖、武汉东湖、无锡太湖等。人工湖是人工依地势就低挖凿而成的水域，沿境设景，自成天然图画，营造碧波万顷、烟雾缥缈等壮丽景观，如深圳的仙湖和一些现代公园的人工大水面。湖的特点是水面宽阔平静，有好的湖岸线及天际线，具平远开朗之感。此外，湖往往有一定的水深以利于水产养殖或水上运动和游览，湖岸线和周边天际线较好，还常在湖中利用人工堆土成小岛，用来划分水域空间，使水景层次更为丰富。

2.2.1.1 人工湖设计

（1）人工湖选址

从景观角度考虑，一方面，人工湖通常是园林景观的一部分，选址考虑依山傍水、相互衬托，与山地、丘陵组合造景形成湖光山影，利用地貌的起伏变化来加强水景的自然特征，并兼顾安全和游人近水心理，成为城市建设中的靓丽风景线。另一方面，人工湖是水系结构、区域防洪的重要组成部分。城镇总体规划、城市防洪规划、海绵城市规划等结合城市地形和地质特点，已经明确了低影响开发策略和重点建设区域，划定了城镇水域、岸线、滨水区，明确水系保护范围以保持城市城镇水系结构完整，人工湖需要在规划的框架内确定位置，结合雨季径流调蓄需求，首选地势低洼可以收纳雨水的区域，与其他水体有机衔接，优化河海水系布局，实现湖体对水自然、有序的排放与调蓄。

建筑区域的地质条件也是影响人工湖选址的重要因素。从景观和调蓄功能考虑，人工湖必须保证稳定的水量，因此，湖底土质的渗透性尤其重要。对拟建湖区域先进行地质勘探，待土质情况探明后，再决定这一区域是否适合挖湖，或施工时应采取的防渗工程措施。

（2）人工湖平面设计和竖向设计

①人工湖平面设计 人工湖的平面形状直接影响湖的水景表面特征及其景观效果。在以水景为主的园林中，人工湖的位置居于全园的重心，面积相对较大，平面设计应注意水面的收放、广狭、曲直等变化，湖岸线变化丰富，沿岸配以假山和亭台楼阁；或者在湖中建小岛，以园桥连之，空间开阔，层次深远，并应占据园中的某区域。以地形山体或假山建筑为主景，以湖为配景的园林，往往是水面小而多，水体面积均主要依据视觉美观标准确定，即"开池者三"，30%水体面积为最佳，还可以结合假山或建筑把整个湖面分成许多小块，绿水环绕着假山或建筑，其倒影映在水中，更显其秀丽和妩媚，环境更加清幽，如苏州拙政园。人工湖岸线设计以自然曲线为主，因为自然形态的景观湖边缘

呈现的是凹凸不平的空间，这更有利于物种的交流，有的空间较为开放，有的空间较为封闭，这种形式为不同的生物提供了不同的生态环境，能吸引两栖动物与鸟类的存留，也为水生植物的生长营造曲折的岸线，有利于保护生物多样性。在设计的过程中，水体边线的弧线半径最好不要小于 2m，边线弧度大的形态优于边线弧度小的形态，回弯处的半径应该更大一些，以有效避免不流通水体死角的产生。景观湖在满足城市公园基本功能的前提下，体量的设计宁大勿小，如果分隔成多个水域，水域之间要设置连通的措施，用湖体完整性来保证区域间的物质交换。

风是水体流动的重要作用力之一。合理地利用风，能够有效促进水体流动。湖面的设计应当与城市主导风向保持一致，当主导风向与湖面长度方向垂直时，风能较小；当主导风向与湖面长度方向平行时，风能效力达到最大，可带动水体顺风向而流动。

②人工湖竖向设计　包括湖底形态和设计水位。其中，设计水位与水量相关。

湖底形态关系人工湖的整体水质。在设计湖底形态时，应对湖底高程和水流情况进行数模计算，经过仔细的对比和分析，将重力流、温生流以及风生流共同作用的结果作为主要依据，从而合理确定湖底形态。如某人工湖在设计时，为了避免平面上出现死水区，将水流环通工程设置在湖心岛的北面，为人工湖中水体和风生流的流动创造了有利的条件。同时，将人工湖的湖底设计为蝶形，将湖心设计为马鞍形，并且围绕湖心岛对两侧进行开挖，从而形成深水区，湖底就呈现高低分布的形态，不仅有助于水体流动，还能在一定程度上实现湖底生物的多样性。

人工湖与城外河流接壤的地段，应按照河道系统顺延过渡的规定，园林内部河湖自成体系，竖向上把握好常水位、最高水位对景观的影响，设置水位控制设施，岸口应高于常水位。现代城市建设中，人工湖并不是单纯的景观工程，而是具有雨洪调蓄功能，承担着城市防洪排涝任务的水利工程的一个重要组成部分。因此，应对工程

实施的原地形进行全面详细的勘察和摸查，以当地的水文气象资料和水利规划作为基本出发点，结合周边市政道路和整体建筑布局，按照防洪排涝的要求，实现对雨水的最大程度调蓄，合理确定人工湖的设计水位。

人工湖水量由水域面积和水深确定，因此常水位下人工湖的水面面积和水深需要在水量平衡计算的基础上考虑功能要求确定。水量平衡计算是指对人工景观湖各类水量的收入和支出进行逐月计算分析，以确定人工景观湖是否能提供一定的水资源量，实现景观水体功能并保障湖泊自身生态系统的良性发展。水量收入主要是汇水区域内的雨水径流，水量支出主要包括湖体蒸发量、下渗量、水资源利用量。各项收入与支出的水量计算如下：

地表径流量

$$Q_1=\alpha\beta\psi qF_1 \tag{2-1}$$

式中　Q_1——地表径流量（L/s）；

　　　α——季节折减系数，取 0.85；

　　　β——初期雨水弃流系数，根据汇水区域雨水污染程度确定；

　　　ψ——径流系数，参照《室外排水设计标准》（GB 50014—2021）；

　　　q——区域暴雨强度［L/（s·hm²）］；

　　　F_1——汇水区域面积（hm²）。

湖面降雨量

$$Q_2=qF_2 \tag{2-2}$$

式中　Q_2——湖面降雨量（L/s）；

　　　F_2——人工湖水面面积（hm²）。

湖面蒸发量　对于面积比较大的人工湖，湖面的蒸发量是非常大的，为了合理设计人工湖的补水量，测定湖面水分蒸发量是十分重要的。目前我国主要采用 E-601 型蒸发器对水面蒸发量进行测定，但其测定的数值比实际蒸发量大，因此必须乘以 0.75~0.85 的折减系数。在缺乏实测资料时，可按下式估算。根据水面蒸发量和湖面面积即可确定蒸发总量。

$$E=0.22\left(1+0.17W_{200}^{1.5}\right)\left(e_0-e_{200}\right) \tag{2-3}$$

式中　E——湖面蒸发量（mm）；

e_0——对应水面温度的空气饱和水气压，（mbar）*；

e_{200}——水面上 200cm 处的空气水气压（mbar）；

W_{200}——水面上 200cm 处的风速（m/s）。

湖底下渗量　湖底下渗量与湖底土壤性质有关，只有了解整个湖底、岸边的地质和水文情况，才能对整个湖渗漏的总水量进行准确计算。

$$Q_3 = F_3 KD \qquad (2\text{-}4)$$

式中　Q_3——湖底下渗量（L/s）；

F_3——湖底面积（m^2）；

K——下渗系数，根据湖底防水特性确定，如为黏土防渗处理设计（$K \leqslant 0.008m/d$）；

D——每月天数（d）。

在设计中，人工湖的渗漏损失也可以根据湖底的地质情况及驳岸防漏情况确定，防水性能良好的按全年水量损失体积的 5%~10% 确定，防水性能中等的按全年水量损失体积的 10%~20% 确定，防水性能较差的按全年水量损失体积的 20%~40% 确定。

水资源利用量　部分人工湖在水量充足、水质达标和水利部门允许的情况下，可以利用湖水作为灌溉用水、工业用水、清洁用水等。根据具体的用水需求特点，确定各种用途的水量。绿化用水根据绿化面积和单位面积用水量确定，道路冲洗用水根据单次充水量和充水次数确定。各项水量计算后，如果收入量大于支出量，可以考虑扩大资源化利用量。如果雨季有超设计重现期的雨水汇入而又无资源化利用需求，多余的水需要溢流，过量的湖水一般排入下游雨水管网或周边自然水体，在出水口通过水闸控制，雨季调节。

但是如果水量平衡计算中，收入量小于支出量，为满足景观效果，需要设计补水。特别是在区域的干旱年份，补水通常是必需的。人工湖尽量依托自然水体设计，以保证充裕的水量补充。在无自然水体补充时，应考虑污水处理厂尾水深

度处理达标后的再生水作为补充水源。

在雨洪调蓄的基础上，还要考虑人工湖其他水体功能对水深的要求，如水上娱乐划船要求水深在 1.5~3m，庭园内的水池中常栽植水生植物和养观赏鱼，可设计水深为 0.7m；从安全角度考虑，距岸边、桥边、汀步边以外宽 1.5~2m 的带状范围要设计为安全水深，不超过 0.5m；从生态角度考虑，水体自净能力需要 1.5m 左右的深度以满足生物的生长环境。

人工湖在设计之初就应针对水量平衡进行精确计算，作为规模和选址的依据。尽量设置在地形较低处以尽量多汇集周边雨水，减少补水需求。如果建设区长期干旱或湖底渗漏水量巨大，则补水耗费量大，成本高，应科学分析人工湖建设的必要性，避免因盲目建设造成后期水量不足而无法实现最初的景观效果。如河南中牟县三刘寨调蓄工程，以"开封西湖"名义开挖人工湖，为保证景区湖面水位，弥补自然蒸发和下渗的水量损失，每年从黄河干流引水达数百万立方米，造成大量黄河干流水被白白浪费，进一步加剧地区水资源、水生态、水环境的承载压力，被生态环境部督察整改。因此，人工湖泊必须结合城市总体规划、城市水系规划、城市防洪排涝规划、城市排水规划和海绵城市建设规划全面分析后确定，保证人工湖生态良性发展。

2.2.1.2　人工湖驳岸

（1）驳岸概述

人工湖驳岸与河流护堤、护坡相似，主要区别在于人工湖驳岸多采用岸壁直墙，有明显的墙身，岸壁坡度大于 45°，而护堤是没有支撑土壤的直墙，一般是在土壤斜坡（坡度在 45° 以内）采用铺设护堤材料的做法。对于有防洪要求的湖泊或河道，人工湖驳岸除具有护堤、防洪的基本功能外，还有景观和生态功能，如强化岸线的景观层次，改善滨水区生态平衡等，因此，必须在满足技术功能要求的前提下注意造型美，使驳岸与周

---

*　1mbar=100Pa。

围景色相协调。

驳岸的结构包括垫层基础、墙体、压顶三部分，分别位于湖底以下、常水位与最高水位之间的部分和不受淹没的位置。基础是驳岸的底层结构，为承重部分，上部重量经基础传给地基，因此要求基础坚固。墙体是驳岸的主体结构，墙体所承受的压力主要来自墙体自身的垂直压力、水的水平压力以及墙后的侧压力，因此墙体一定要确保一定的厚度。墙体高度根据最高水位和水面波浪来确定。压顶是驳岸之顶端结构，其主要作用是增强驳岸的稳定性，阻止墙后的土壤流失，美化水岸线，压顶常用大块石、混凝土浇筑而成，一般向水面悬挑。

驳岸竖向上常水位至水体地基部分处于常年被淹没状态，其主要破坏因素是湖水浸渗。在我国北方寒冷地区，因水渗入驳岸内冻胀后使驳岸断裂。湖面冰冻，冻胀力作用于常水位以下驳岸，使常水位以上的驳岸向水面方向位移，而岸边地面冰冻产生的冻胀力也将常水位以上驳岸向水面方向推动，岸的下部则向陆面位移，这样便造成驳岸位移。因此，寒冷地区驳岸的背水面要做防冻胀处理。具体做法是填充级配砂石、焦渣等多孔隙、易滤水的材料，砌筑较大尺寸的砌体，夯填灰土等坚实、耐压、不透水的材料。基础的木桩作桩基也会因腐烂或动物破坏而造成朽烂而影响驳岸的稳定性。在地下水位高的地带，地下水的浮托力也会影响基础的稳定。驳岸常水位至最高水位部分主要是浪击、日晒和风化剥蚀造成破坏，驳岸顶部则可能因超重荷载和地面水的冲刷遭到破坏。另外，由于驳岸下部破坏也会引起上部受到破坏。常水位以下驳岸有时是园内雨水管出水口，如安排不当也会影响驳岸。对于破坏驳岸的主要因素有所了解后，再结合具体情况选择合适的驳岸，并制定防止和减少破坏的相关措施。

（2）驳岸类型

①按驳岸形式分　有规则式驳岸、自然式驳岸和混合式驳岸。规则式驳岸是指用块石、砖、混凝土砌筑的几何形式的岸壁，如常见的重力式驳岸、半重力式驳岸、扶壁式驳岸等。规则式驳岸多属永久性，要求采用较好的砌筑材料和较高的施工技术，特点是简洁明快，但缺少变化。自然式驳岸是指外观无固定形状或规格的岸坡处理，如常用的假山石驳岸、卵石驳岸、块石驳岸，自然亲切，景观效果好。混合式驳岸是规则式与自然式驳岸相结合的驳岸造型。一般为毛石岸墙，自然山石岸顶。混合式驳岸易于施工，具有一定装饰性，适用于地形稳固且有一定装饰要求的。

②按驳岸材质分　有硬质驳岸和软质驳岸。硬质驳岸是依靠墙自身的质量来保证岸壁稳定，抵抗墙后土壤的压力。如采用条石作基础的条石驳岸、用浆砌块石和半干砌块石构造的块石驳岸、用混凝土浇筑的混凝土驳岸、用山石堆砌的山石驳岸、用卵石覆盖的卵石驳岸、用塑木打桩的塑木驳岸等。硬质驳岸适用于堤岸较陡、风浪较大或因造景需要时，由于施工容易，抗冲刷力强，经久耐用，驳岸效果好，还能因地造景，灵活随意，是人工湖常见的驳岸形式。为提高驳岸的稳定性，某些陡峭的岸边，还可以采用石笼驳岸。仿木桩驳岸类似于木桩驳岸，施工前预制加工仿木桩，一般是钢筋混凝土预制小圆桩，长度根据河岸的标高和河底的标高决定，一般高 1~2m，直径为 5~20cm，一端头呈尖状，待小圆柱的混凝土强度达到 100% 后，即可敲入地基中。硬质驳岸的缺点是总成本高，不易绿化，不能满足生态要求，耐久性差，对渠道小规模变形的适应能力差，容易发生局部破坏和结构不稳，一旦发生局部破坏，就容易发生大面积的破坏，很难修复，修补造价比较高且施工不方便。软质驳岸是用竹木、绿植或土壤过渡带形成的驳岸。竹木驳岸易老化，只能作临时驳岸。绿植或土壤过渡带驳岸是一种自然生态驳岸，河岸具有可渗透性，可以充分保证池岸与水体之间的水位变换和调节，同时也具有一定的抗洪强度。软质驳岸的缺点是承载能力差，易变形，对空间和岸线坡度要求高。

③按驳岸功能分　有普通驳岸和生态驳岸。普通驳岸是指只有稳定水岸边界作用的驳岸，形式简洁明快，但是功能单一，造价过高，容易损坏，特别是单纯的硬化岸坡破坏生态，不能为水

土环境提供长效保护，绿地面积很小，结构单一，不能满足市民休闲娱乐的需求。

生态驳岸（图2-1）即在满足稳定边界的功能的前提下，采用自然材料，综合工程力学、土壤学、生态学和植物学等学科的知识，考虑坡岸用途、构景透视效果、水岸地质状况和水流冲刷程度对斜坡或边坡进行支护，形成由植物或工程和植物组成的可渗透性的界面，在丰水期，河水向堤岸外的地下水层渗透储存；在枯水期，地下水通过堤岸反渗入河，起着滞洪补枯、调节水位的作用。生态驳岸利用不同形式的石头、绿色隔离带，不仅有景观效果，更重要的是可以减缓流速，有利于泥沙沉积，净化河水，生态驳岸上繁茂的植被和其他生物还可吸收、分解河水中大量的污染物，使得驳岸具有景观、水质净化、亲水等复合功能。

随着水环境治理技术的发展，生态驳岸与水体接触的界面有多种具有不同功能和特点的形式。常见的生态驳岸有以下几种类型。

植被型驳岸 植被可以选择原生态草皮土质驳岸、灌木驳岸、杉木桩、木结构；原生态草皮土质驳岸适于坡度在1:20~1:15的水岸缓坡。驳岸草种要求耐水湿、根系发达、生长快、生存力强，如假俭草、狗牙根等。驳岸做法依坡面具体条件而定，如果原坡面有杂草生长，可直接利用杂草护坡，但不够美观；也可直接在坡面上播草种，加盖塑料薄膜。草皮也可结合灌木同步实施，适用于大平面平缓的坡岸，由于灌木有韧性、根系盘结、不怕水淹，能削弱风浪冲击力，减少地表冲刷，因而驳岸效果好。驳岸灌木要具备速生、根系发达、耐水湿、植物低矮常绿等特点，可以选择沼生植物驳岸。

多孔或高孔隙率硬质材料 硬质材料一般有干砌硬质材料、无砂混凝土、多孔混凝土、空心混凝土、钢丝石笼、联锁式护坡砖。联锁式护坡砖驳岸是一种新型预制混凝土块铺面系统，独特的联锁设计，每块砖与周围的6块砖产生超强联锁，使得铺面系统在水流作用下具有良好的整体稳定性。同时，随着植被在砖孔和砖缝中生长，一方面，铺面的耐久性和稳定性将进一步提高；另一方面，起到增加植被、美化环境的作用。近年来，联锁式护坡砖广泛应用于河流、自然湖泊或人工湖泊的改造治理和构造。

人工新材料、新形式驳岸 人工新材料有环保草毯、三维植被网、生态袋、生态格网、生态

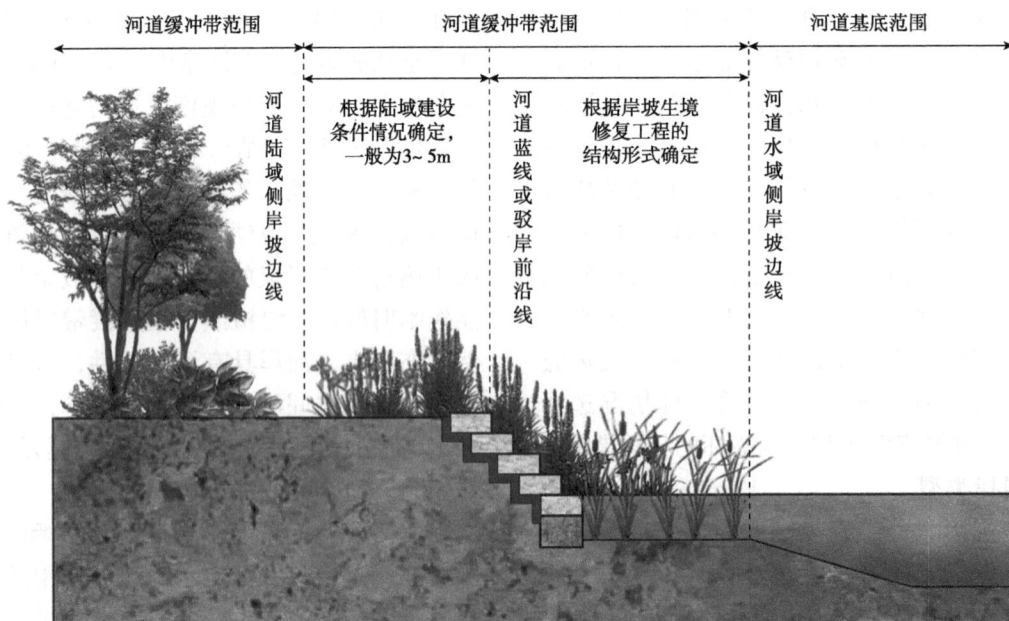

图2-1 生态驳岸（依《湖泊流域入湖河流河道生态修复技术指南》改绘）

混凝土等。生态袋堆积是一种柔性生态驳岸，生态袋具有透水不透土的过滤功能，既能防止填充物（土壤和营养成分混合物）流失，又能实现水分在土壤中的正常交流，植物可穿过袋体自由生长，根系进入工程基础土壤中，如无数根锚杆起到了袋体与主体间的再次稳固作用，时间越长越牢固，进一步实现了建造稳定性永久边坡的目的，大大降低了维护费用，还可以通过不同乔、灌、草来丰富层次，构筑各色图案。生态混凝土（图 2-2）是一种采用内部具有连续孔隙的多孔混凝土作为驳岸材料的驳岸形式，生态混凝土结构由固相骨料、液相水泥浆和气相空气泡组成，孔隙率在 20%~30%，透水性混凝土透水性系数为 1~3mm/s；植生型生态混凝土透水性系数在 30mm/s 以上。抗压强度一般在 10~30MPa，用于驳岸的抗压强度一般为 10MPa。由于内部连续孔隙的存在，生态混凝土具有透水性、透气性及类似土壤的呼吸功能，并能保证水分的正常蒸发和渗透，利于水体和土壤的物质能量交换，为植物、微生物的生长提供了适宜的空间。

在实际工程中，应根据人工湖的功能、区域气候特点等选择不同形式的驳岸。例如，广东某城市的人工湖主要承担着城市防洪排涝的功能，由于该地区具有风大、多雨的气候特征，所以在对人工湖驳岸进行设计时，充分考虑风浪和功能

湖区布局等诸多因素，采用永久湖岸的设计方式，将混凝土桩基结构运用在人工湖的水下部分，而混凝土绿化驳岸则运用在水上部分，不仅可以满足城市生态建设、景观美化的需求，还能为人工湖的安全性提供有效保障。

（3）驳岸平面位置与岸顶高程的确定

驳岸设计时应注意安全性，保证枯水位时不塌陷，高水位时不垮塌，同时考虑对生态环境的影响。在设计驳岸时，应因地制宜大力推广生态驳岸，充分保证河岸与河流水体之间的水分交换和调节功能，同时具有一定的抗洪功能。随着人们对亲水需求的不断提高，人工湖驳岸设计时，宜采用变化的滨水景观设计，如修建台阶、步道、亭廊以及栈桥等亲水性设施，既可以营造良好的生态水体景观，也满足人们亲水的需求。与城市河流接壤的驳岸，应按照城市河道系统规定的平面位置建造。园林内部驳岸则根据水体施工设计确定驳岸位置。平面图上常水位线显示水面位置，如为岸壁直墙，则常水位线即为驳岸向水面的平面位置，整形式岸顶宽度为 0.3~0.5m，如为倾斜的坡岸，则根据岸顶高程推求。岸顶的高程应比最高水位高出一段距离，以保证水体不致因风浪拍岸而涌入岸边的地面。因此，岸顶高程应根据当地风浪拍击驳岸的实际情况而定，一般高出最高水位 0.25~1m。水面大，风大时，可高出

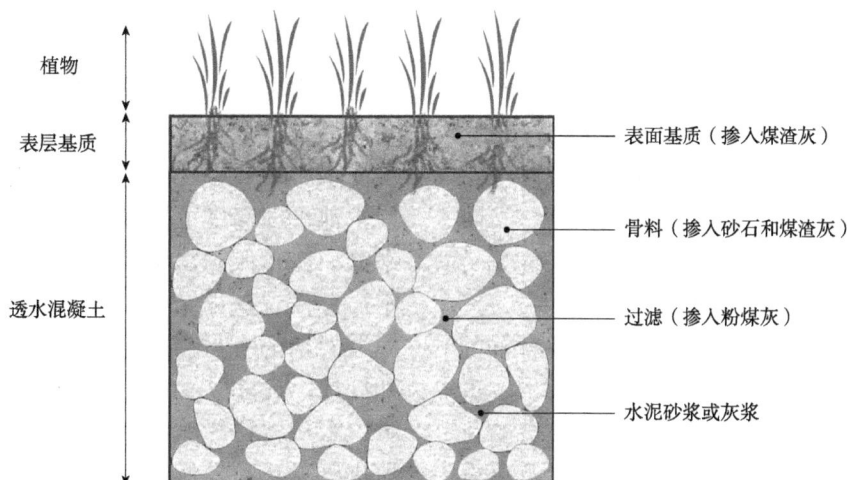

图2-2　生态混凝土（缑津秀　绘）

植物

表层基质

透水混凝土

表面基质（掺入煤渣灰）

骨料（掺入砂石和煤渣灰）

过滤（掺入粉煤灰）

水泥砂浆或灰浆

0.5~1m；水面分散，空间内有挡风设施时，可以高出小一些。从造景的角度讲，深潭边的驳岸要求高一些，展现出假山石的外形之美，而水清浅的地方，驳岸要低一些，以便水体回落后露出一些滩涂与之相协调。

2.2.2 人工水池

人工水池面积小，形式比人工湖更多样，岸线变化丰富且具有装饰性，水较浅，不能开展水上活动，以观赏为主，可用于广场中心、道路尽端或室内较大空间。在缺乏天然水源的地方开辟水面以改善局部的小气候条件，为种植观赏植物创造生态条件，和亭、廊、花架等各种建筑形成富于变化的各种组合，使空间富有变化，可由设计者任意发挥。人工水池有不同的类型，按布局不同可分为独立型和组合型喷水池；按功能不同可分为观鱼池、海兽池、水生植物池、假山水池、海浪池、涉水池；按水池形状风格不同可分为规则式水池、自然式水池和混合式水池；按水池建设方式不同可分为刚性水池和柔性水池。刚性水池主要是采用钢筋混凝土、石材、自然石、砖石等修建的水池，这类水池在园林水景中最为常见。柔性水池即使用柔性不渗水的材料做水池夹层，防漏性能较好，尤其适用于北方区域。柔性结构比刚性结构节省材料成本，工序简化，易操作。

2.2.2.1 水池结构设计

人工水池由池底、池壁、池顶、给排水管线等部分构成，池底、池壁起维护作用，保证不漏水，池顶用于强化水池边界线条，使水池结构更稳定。给排水管线满足水池补水和泄空检修等要求。因此，水池结构设计通常分平面设计、立面（剖面）设计、及给排水管线设计三部分。

（1）水池的平面设计

①规则式水池 由规则的直线岸边和有章可循的曲线岸边围成的几何图形水体，如圆形、正方形、长方形、多边形或曲线、曲直线结合的几何形组合，多用于规则式庭园、城市广场及建筑物的外环境修饰中。

②不规则式水池 也称自然式水池，平面变化很多，形状各异，模仿大自然中的天然野趣，水面形状宜大致与所在地块的形状保持一致，仅在具体的岸线处理给予曲折变化。设计成的水面要尽量减少对称、整齐的因素。一般用于公园或动物园自然风景。

混合式水池既有规则整齐的部分，又有自然变化的部分。

人工水池通常是景观局部构图中心，其大小和形状需要根据景观工程整体设计风格来确定，位于广场中心的水池体量必须和广场的体量相称，外形轮廓和广场外轮廓取得统一，在设计中可视具体情况而设计形式多样、既美观又耐用的水池。

（2）水池的立面（剖面）设计

人工水池的剖面设计应从安全角度出发，剖面位置应有足够的代表性，应能清楚地表达池底、池壁、池壁压顶、给排水管线、泵坑位置、水池灯光位置的结构要点和施工做法。根据水池立面与周边地面高程的关系，分地上水池、平地面水池和下凹式亲水池。地上水池池壁顶面离地面的高度一般为0.2m左右，考虑到方便游人坐在池边休息，可以增到0.30~0.45m，池壁顶有平顶的，有中间折拱或曲拱的，也有向水池里一面倾斜的。水池与池面相接部分可以做凹进和线条变化。传统的水池只有一个出水口，要保证水面平整及均匀流淌，实现一定的净水效果，需要储存一定深度的水和保证较大的水域面积，但随之而来的换水和补水也会造成耗水量大，不符合节水环保的设计要求，因此在某些面积较大又想达到镜面水面效果的区域，可采用镜面水池（图2-3），即水池平面高度上增设光滑的石材以凸显水面的平静，以较低的水位实现稳定的水面。石材的稳定需要设置支撑结构，目前设计中通常用万能支撑器架空的石材（图2-4），架空的空间布置管道和灯具，石材与石材之间有0.005~0.01m的出水缝隙，水从石材缝隙中缓慢渗出，水通过缝隙均匀地进行循环，较低的水位和流速即可以实现平整如镜面。

2.2.2.2　水池的给排水系统

（1）给排水管线设计

水池的给排水管线设计是满足水池的进出水要求，要结合水池的平面布置图进行，应重点标出给水管、进水口、排水管、排水口、泄水口、溢水口的平面位置和竖向标高。如果是循环用水，还要标明水泵及电机的位置。泄水管和溢水管的出水一般排至周边雨水管网，因此泄水管和溢水管的位置和标高必须和周边的雨水检查井合理衔接，平面上保证管线最短，竖向上保证排水能自流进入雨水检查井，否则需要设置提升设备。

图2-3　镜面水池（曹世玮　摄）

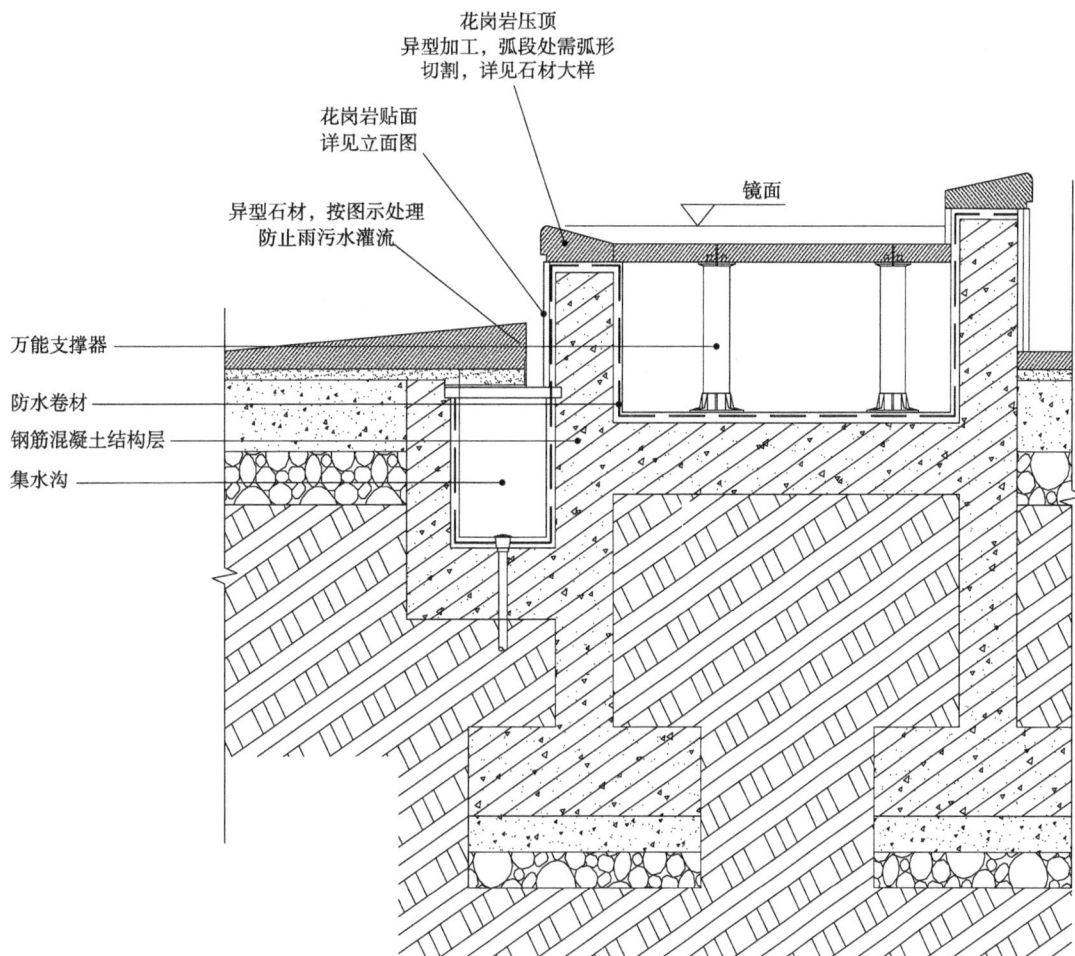

图2-4　万能支撑器架空结构（曹世玮　绘）

①进水口 也称补水口，作用是给水池注水或补水。镜面水池要求水面平整，一般设计淹没出流以减少对水面的扰动，其他形式的水池可以结合跌水，设计非淹没出流，进水的同时也能增加一定的动水景观和水跌落声响的音响效果。常见自动补水给水口形式如图2-5所示。

②泄水口 为便于清扫、检修和防止停用时水质腐败或结冰，水池应设泄水口（图2-6）。水池应尽量采用重力方式泄水，也可利用水泵的吸水口兼作泄水口，利用水泵泄水。池底应有1%的坡度，坡向泄水口。

③溢水口 为控制水池水位，防止水满后从池顶溢出，水池应设溢水口（图2-7）。常用的溢水口形式有堰口式、漏斗式、管口式和连通管式等。大型水池宜设多个溢水口，均匀布置在水池中间或周边。溢流口的设置不能影响美观，并要便于清除积污和疏通管道，为防止漂浮物堵塞管道，溢水口要设置格栅，格栅间隙应不大于管径的1/4。

（2）水池补水量确定

人工建造的水池，防渗措施施工到位，补水量主要由风吹量、蒸发量、排污量之和确定。水池蒸发量的多少与水面面积大小和气象参数有关，与

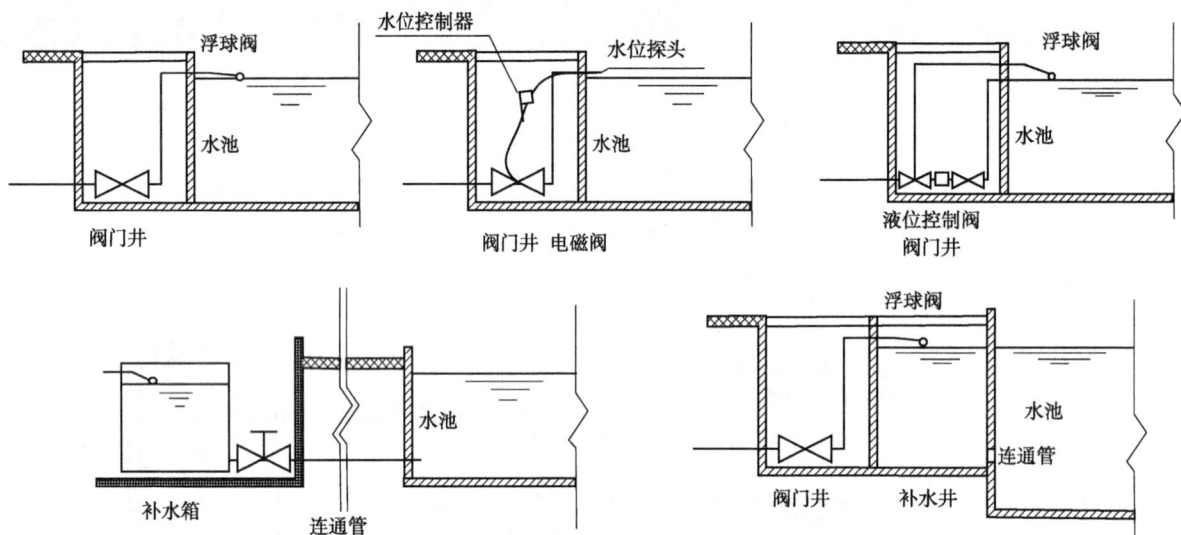

图2-5 常见自动补水给水口形式（依《风景园林师设计手册》改绘）

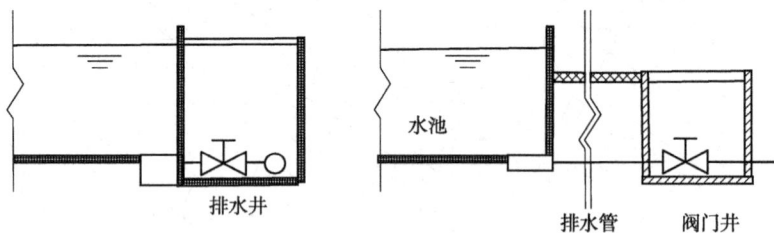

图2-6 常用泄水口形式（依《风景园林师设计手册》改绘）

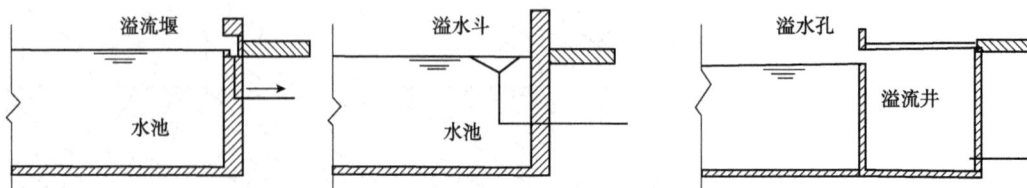

图2-7 常用溢水口形式（依《风景园林师设计手册》改绘）

人工湖湖面蒸发量计算方法相同。人工水池体量较小，在无自然水体补充时，水池的水源一般为人工水源，如自来水、再生水、雨水等，优先考虑再生水和雨水回用，因为水质原因需要全部换水，则补水量为水池全部容纳的水量。和人工湖水量平衡类似，水池也有调蓄功能，选择再生水或雨水作为水池补水水源，不仅可以缓解城市排洪压力，也有利于节约水源和水池水体水质更新，因此，人工水池在补水设计上要充分利用周边中水或雨水，结合城市总体规划和海绵城市建设规划确定水池的位置和规模，并结合地形设计雨水或中水进出水路径，通过水量平衡计算合理确定人工补水量。

2.3　静水景观施工

2.3.1　人工湖施工

人工湖底施工重点在于保证湖底不漏水，因此选址时就应考虑在保水性能好的地基上开挖，后续就是土质调查与土方平衡、施工放线、湖坑开挖、湖底防渗、湖体驳岸处理方法等。

2.3.1.1　土质调查与土方平衡

为实际测量漏水情况，在挖湖前对拟挖湖的基础需要进行钻探，以确定土壤的透水能力，决定这一区域是否适合挖湖。砂质黏土、壤土等土质细密、土层厚实或渗透能力小于 0.009m/s 的黏土夹层适宜挖湖，在玄武岩、砾岩、砂砾岩以及可溶于水的石灰岩或砂岩地段，因易造成大量水损失而不宜建湖。

开工前应按附有原地形等高线的设计地形图和设计图纸确定土方量，根据地形计算出需挖土和回填的土方量，进行挖填方的平衡计算，做好土方平衡调配，减少重复挖运，以节约运费。初步设计时采用体积公式法估算，施工图阶段可以采用断面法和方格网法精确计算。

2.3.1.2　施工放线与湖体开挖

施工放线可以用仪器测设，先根据图纸上人

工湖的外形轮廓线上的拐点和控制点之间的关系，用仪器采用极坐标的方法将它们测设到地面上，并钉上木桩，然后用较长的绳索把这些点用圆滑的曲线连接起来，即得湖池的轮廓线，并撒上白灰标记。

施工放线还可以用网格法测设，在图纸中欲放样的湖面上打方格网，将图上方格网按比例放大到实地上，在地面方格中找出相应的点位，用长麻绳和白灰做好标记。

根据人工湖分区、分层布置，各部位开挖施工时，按自上而下、由外向内的原则进行，施工程序如下：施工准备→原地面复测→湖体轮廓线放样→开挖运渣→人工挖土→边坡修整→平整碾压。开挖前做好施工排水的计划，开挖过程中随时保证一定的坡度以便于排水，在湖底坡脚处设置带有坡度的临时排水沟、集水井、潜水泵，考虑降雨时进行人工排水，保证湖体及坡面的稳定安全。

2.3.1.3　人工湖防渗

当地基层不漏水时，无须进行湖底处理，一般土层经碾压平整即可。湖底人工湖体尽量依托自然水体营造自然河床，在自然条件无法满足营造自然河床的情况下，必须进行防水层设计，否则渗漏严重不仅影响补水量，还会影响后期的绿化效果、水质维护及周边建筑物安全等问题。人工湖防渗一般包括湖底防渗和岸墙防渗两部分。

（1）湖底防渗

湖底防渗内容包括基底层、防水层、保护层及覆盖层等。

①基底层　一般用卵石层加细土层砂砾或卵石基层或灰土，碾压平后，面上须再铺 0.15m 厚的细土层。控制好垫层的厚度很重要，一般厚度大于 0.2m 并分层夯实，压实度要求大于 98%。采用灰土时，首先要控制石灰与水泥的质量，按设计要求，并控制拌和好比例，一般灰土比例为 3∶7。

②防水层　防水材料应因地制宜、综合考虑各方面因素影响确定，常见的有以下几种。

钢筋混凝土防渗　采用 0.1~0.3m 厚混凝土层铺设在湖底进行防渗，防渗效果较好，施工技术成熟，防渗墙可作为垂直防渗，耐久性强，但是施工成本较高，铺盖硬化层需要开挖清基，扰动大，刚性防渗层阻断水体与土体的水分、物质交换，且混凝土抵抗变形性能差，长期干缩会产生裂缝，造成渗漏加剧。

土工防水膜防渗 土工膜是以塑料薄膜作为防渗基材，与无纺布复合而成的土工防渗材料，它的防渗性能主要取决于塑料薄膜的防渗性能。目前国内外防渗应用的塑料薄膜主要有聚氯乙烯（PVC）、聚乙烯（PE）、乙烯/醋酸乙烯共聚物（EVA）。土工膜密度较小，施工简便，延伸性较强，适应变形能力强，耐腐蚀，耐低温，抗冻性能好，但土工膜也有缺点。一方面，耐久性和抗撕裂强度差，水生植物的根系容易破坏土工膜，再加之施工工艺等原因，会导致湖底渗漏等质量通病发生；另一方面，土工膜防渗阻碍了天然地层中地下水的下渗过程，而且防渗膜对水体及水生生物的毒性尚无法确定。因此，大面积铺设防渗膜实现湖底防渗是不科学的，也是不应提倡的。

黏土防渗 湖底硬化或防水膜的强防水性破坏了湖体生态系统，如何在渗漏和自然循环之间找到平衡点是一个关键问题。黏土防渗屏障技术就是将多元素亲土壤性能的化学物质直接注入土壤深层，设计土壤渗漏率，从而形成纵向或横向的有效防渗屏障，有效地控制水量损失，对于生态平衡极为有利。采用黏土防渗时，铺设的黏土要进行分层碾压，碾压后渗透系数 $<10^{-5}$cm/s。黏土防渗的缺陷是土方工程量大，对体量较大的人工湖而言成本较高。

膨润土复合防水毯（GCL） 这是一种新型土工合成材料，由经过级配的天然钠基膨润土颗粒和相应的外加剂混合为原材料，经针刺工艺及设备缝制，把膨润土颗粒固定在土工布和塑料编织布之间而制成的毯状防水卷材。膨润土防水毯既具有土工材料的全部特性，又具有优异的防水渗性能，渗透系数 $K \leqslant 5 \times 10^{-9}$cm/s，抗渗水压可达 1.0MPa 以上，单位面积膨润土质量 5000g/m^2，同时，水生植物生长不会影响膨润土防水毯的防水效果。但是由于地基的不均匀沉降，防水毯在搭接缝处容易出现错位，后期运行管理不便，这是在施工中要注意的问题。

③**保护层** 是防水层和覆盖层的过渡，其作用是保护湖泊运行过程中避免防渗层由于水力冲击或植物根系发育造成的破坏。保护层一般采用过筛细土和无杂质土相结合的设计，一般在防水层上铺 0.15m 过筛细土，土料一定要用夯打密实，保证干容重在 1.5 以上，并随时取样检验。保护层的颗粒根据防水层类型确定，土粒直径不能太大，尤其是采用防水毯作为防渗层时，不允许有粒径大于 6mm 的颗粒，避免土粒刺破防渗膜。

④**覆盖层** 置于保护层之上，防止防水层被撬动，一般采用卵石和景观置石等。

（2）岸墙防渗

人工湖岸墙处于立面，有一部分露出水面，要兼顾美观，因此岸墙防渗比池底防渗要复杂。目前已推广使用的有新建重力式浆砌石墙，防水材料绕至墙背后的防渗方法，还可以在原浆砌石挡墙内侧再砌浆砌石墙，土工膜绕至新墙与旧墙之间的防渗方法。还有可以做钢筋混凝土防渗墙抗渗，外侧砌毛石挡墙进行景观处理。具体做法可参见《风景园林师设计手册》（王磐岩，2011）。

2.3.2　人工水池施工

2.3.2.1　刚性材料水池施工

施工前按设计图纸要求放出水池的位置、平面尺寸、池底标高定桩位。按设计要求，采用钢筋混凝土作结构主体的必须先支模板，然后扎池底壁钢筋。两层钢筋间需采用专用钢筋撑脚支撑，已完成的钢筋严禁踩踏或堆压重物。浇筑混凝土需先底板、后池壁。如基底土质不均匀，为防止不均匀沉降造成水池开裂，可采用橡胶止水带分段浇捣；如水池面积过大，可能造成混凝土收缩裂缝的，则可采用后浇带法解决。底板浇筑之后，在池壁施工时，应注意养护，保持池壁湿润。池壁混凝土浇筑完后，在气温较高或干燥情况下，过早拆模会引起混凝土收缩产生裂缝。因此，应继续浇水养护，底板、池壁和池壁灌缝的混凝土的养护期应不少于 14d。

2.3.2.2　柔性材料水池施工

柔性水池放样、开挖基坑的要求与刚性水池相同，可将原土夯实整平，然后在原土上回填 0.3~0.5m 的黏性黄土压实，即可在其上铺设柔性防水材料。在地基土条件极差（如淤泥层很深，难以全部清除）的条件下，需要考虑采用刚性水池基层的做法。铺设柔性防水材料时应从最低标高开始向高标高位置铺设，在基层面应先按照卷材宽度及搭接长度要求弹线，然后逐幅分割铺贴，搭接也要用专用胶黏剂满涂后压紧，防止出现毛细缝。卷材底空气必须排出，最后在每个搭接边用专用自粘式封口条封闭。一般搭接边短边不得小于 0.08m，长边不得小于 0.15m。如采用膨润土复合防水垫，铺设方法和一般卷材类似，但卷材搭接处需满足搭接 0.03m 以上，且搭接处按 0.4kg/m 铺设膨润土粉压边，防止渗漏。柔性水池完成后，为保护卷材不受冲刷破坏，一般需在面上铺压卵石或粗砂做保护。

2.3.2.3　水池防渗处理

人工水池的防水主要起到防止水体流渗、水体污染的作用。防水做法分内壁面层防水（防水砂浆面层与防水油面层）、防水卷材防水和水池结构层防水（抗渗混凝土）。和人工湖防渗类似，水池防渗一般包括池底防渗和岸墙防渗两部分。水池防水材料有以下几种。

①防水砂浆　是一种通过提高砂浆的密实性及改进抗裂性以达到防水抗渗目的的刚性防水材料，具体又可分为刚性多层抹面的水泥砂浆、掺防水剂的防水砂浆和聚合物水泥防水砂浆三种。

②防水涂料　是一种由独特的、非常活跃的高分子聚合物粉剂及合成橡胶、合成苯烯酯等所组成的乳液共混体，加入基料和适量化学助剂和填充，经塑炼、混炼、压延等工序加工而成的高分子防水材料，无毒、无害，可直接用于饮水池和鱼池，涂层能抑菌、防潮，减缓对饰面的污染。

③防水卷材　是一种将沥青类或高分子类防水材料浸渍在胎体上制作成的防水材料，根据主要组成材料的不同，可分为沥青防水卷材、高聚物改性沥青防水卷材和合成高分子防水卷材。

④膨润防水毯　与人工湖防渗做法相同，用于自然式柔性水池。

⑤抗渗混凝土　指抗渗等级等于或大于 P_6 级的混凝土。常用的办法是掺用引气型外加剂，使混凝土内部产生不连通的气泡，截断毛细管通道，改变孔隙结构，从而提高混凝土的抗渗性。

试水工作应在水池全部施工完成后方可进行。试水时应先封闭管孔，然后分几次放水入池，停留 24h，进行外观检查并做好水面高度标记，连续观察 7d，外表面无渗漏及水位无明显降落方为合格。试水试验符合要求后再进行钢筋混凝土水池的面砖装饰、池顶的块石压顶等验收。

我国北方地区冰冻期较长，对于室外园林地下水池的防冻处理就显得十分重要。若为小型水池，一般是将池水排空，但是空水池壁外侧受土层冻胀影响，池壁承受较大的冻胀推力，严重时会造成水池池壁产生水平裂缝或断裂。大型水池为了防止冻胀推裂池壁，可采取冬季池水不撤空，池中水面与池外地坪持平，使池水对池壁压力与冻胀推力相抵消。同时，池壁外侧采用排水性能较好的轻骨料，如矿渣、焦渣或砂石等，并应解决地面排水。

思考题

1.静水景观在城市建设领域中的应用主要有哪些？

2.人工湖的驳岸有哪些类型？环境可持续的驳岸设计应考虑哪些方面？

3.人工湖防渗的做法有哪几种？

4.人工水池的给排水系统组成包括哪些？各有什么功能？

推荐阅读书目

1.城市水景观.张雅卓.天津大学出版社,2021.

2.园林水景设计.高慧,张馨文.化学工业出版社,2015.

3.城市人工水体的生态环境效应与保护.褚君达,张永春,胡孟春.科学出版社,2008.

第 3 章

动水景观工程

　　动水景观即动态水景，是利用水体的可流动性形成的景观。随着人们对美的追求，以往园林工程中常见的镜池、人工湖等已不能满足人们的需要，各种新型溪流、瀑布、喷泉等动水景观广泛应用到城市的方方面面。动水景观日益丰富的形式和社会的多样需求，使其可以脱离其他领域而自成一个独立的艺术形式，即通过清晰、协调的手法，调动环境的资源，来满足景观气氛的需要，以创造出合适的可持续的意象。动水景观的设计理念包含三个方面，首先是环境因素，这是动水景观设计的依据。动水景观在设计时首先考虑与环境中的山体、建筑、园林植物等静态景观相互映衬，达到动中有静、静中有动的效果。其次是明确动水景观的水源、路径和承载体（刘祖文，2010）。动水景观不仅是水的流动，流动的急缓、流量的大小、流动的响声及与其他因素的映衬都会形成不同的景观效果，甚至蕴含不同的水体文化，表现不同的人文情怀。最后是如何运用美学、工程学甚至心理学的手法来协调表现更深层次的含义，这是设计师所做的画龙点睛的一笔。常见的人造动水景观有人工溪流、人工瀑布、喷泉等。

3.1　人工溪流

　　溪流是自然界带状的水面，它既有狭长曲折的形状，又有宽窄、高低的变化，还有深浅的不同。自然界中的溪流多是在瀑布或涌泉下游形成的，上通水源，下达水体，溪岸高低错落，有缓有陡，对比强烈，富有节奏，流水清澈晶莹。人工溪流是景观工程建设中自然河流艺术的再现，它不仅能给人以欢快、活跃的美感，而且能加深各景物间的层次，使景物丰富而多变。

3.1.1　人工溪流设计

　　人工溪流应根据环境条件、水量、流速、水深、水面宽和所用材料进行合理的设计，布置讲究师法自然，结合具体的地形变化，宽窄曲直对比强烈，表现蜿蜒曲折、有缓有陡，空间分隔开合有序营造空间层次，同时注意其与建筑、植物种植、古树名木等结合，途中还可以穿插瀑布或涌泉景点。

3.1.1.1　人工溪流的平面设计

　　人工溪流的组成（图3-1）包括河心滩，三角洲，岸边小路和水中岩石、矶石、汀步、小桥等。平面上要求蜿蜒曲折，因此河床设计成弯曲的线形或带状，同时布置汀步、小桥、滩、点石和随流水走向而设的若即若离的小路来丰富景观。狭窄的空间、平行的缓流，以及利用不同高度和茂密程度的植物造成的光线明暗对比可以营造幽静深邃的气氛，而弯折的岸线和较大落差形成的水花以及敞开的背景可以表现活泼欢快的效果。

　　河床的曲折、宽窄的变化也会给水流带来一定的副作用，水在流动的过程中对岸线都有一定程度的冲刷，水流平流时对坡岸产生的冲刷力最小，随着弯曲半径的加大，水对迎水面坡岸的冲刷力增大。溪流水面窄则水流急，水面宽则水流缓，因此，溪流设计中为避免冲刷过度，当迎水面有铺砌时，弯曲半径 $R>2.5a$，当迎水面无铺砌时，$R>5a$（图 3-2，a 为溪流的宽度）。

3.1.1.2　人工溪流剖面设计

小溪的立面变化同样会构成各种不同的景观效果。人工溪流的剖面设计主要是对小溪坡度与溪流断面的处理。溪流坡度的大小在于流量的大小，一般为 1%~2%，最小坡度为 0.5%~0.6%，有趣味的坡度在 3% 内变化。最大的坡度一般不超过3%，否则应采取局部跌水等工程措施防止冲刷。坡度大的地方还可以放置石块缓冲。

溪流断面形式一般有三角形、矩形、梯形、"U"形。三角形断面溪水较深，一般见不到底，池底断面为矩形和梯形的溪流可以用在可涉入式溪流中。人工生态溪水底最好采用抛物线"U"形设计。

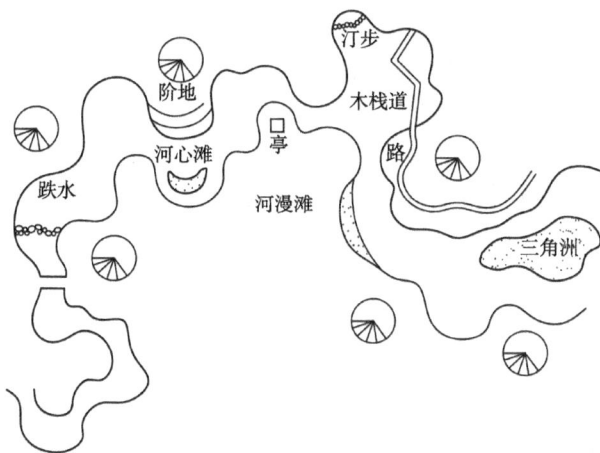

图3-1　人工溪流的组成

（依《风景园林师设计手册》改绘）

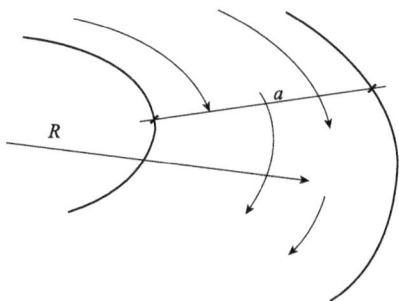

图3-2　人工溪流平面弯曲半径

（依《风景园林师设计手册》改绘）

在规则断面的基础上，也可以通过营造地势，如根据地形将河床底部设计成凹凸不平状，高低起伏，或在河底铺装陡石、冲积石、卵石改变断面的形状和面积，并利用地形的高低起伏造就水的蜿蜒流动、急湍跌落与坦荡宁静的表现过程，使动态水翻卷水花、形成水漩涡、产生跌水景观等，实现跃动感快的水流，同时也可以满足不同水生植物的生境需要。对于土岸，坡度宜较小，若为黏性不易坍塌的土壤，可在岸边培植细草；对于土质松软易被水流冲刷的岸边，可做圆石堆砌的驳岸；对于土质很差水流冲刷作用很大的土质，可构筑人工驳岸，参见 2.2 节人工湖驳岸。

3.1.2　人工溪流给排水系统

人工溪流要想达到设计的景观效果，必须有足够的水量和满足感官要求及安全的水质。园林工程中的人工溪流需要结合园林总体规划设计，包括可以满足坡度变化要求的地形和满足水量水质要求的水源，尤其是水源的选择，不仅要考虑维护简单、低能耗的要求，而且要考虑对城市水资源的综合利用及和其他水景（如瀑布、喷泉、水池、人工湖等）的结合。大型的人工溪流用水量大，必须结合周边湖泊、水库、河流等水体综合考虑，一般设置成直流式；具有局部造景功能的小型人工溪流通常采用循环给排水系统，即在人工溪流的下游设提升泵，通过泵的压力和供水管线将下游的流水提升到上游水源入口再次流出，并根据小溪水量损失进行补水设计。人工溪流水源的选择必须经过经济、环保等多方面考量确定。

人工溪流的水力计算内容是确定不同位置的流速、流量及水量损失，解决溪流的水流速度与坡岸及溪流底部结构的矛盾、洪水期的水位与驳岸的矛盾、枯水期的水景效果与坡岸景观等的矛盾，并确定补水量。人工溪流的水质处理和维护在第 4 章中讨论。

3.1.2.1　水力计算的一般概念

从水力学角度分析，人工溪流的水流特征为明渠非均匀流，因此计算过程遵循明渠非均匀流的规律。水力计算的基本概念如下。

（1）过水断面

过水断面（ω）是指水流垂直方向的断面面积。由于其断面面积随着水位的变化而变化，因而又分为洪水断面、常水断面、枯水断面。通常把经常过水的常水断面称为过水断面。

（2）湿周

水流和岸壁相接触的周界称为湿周（x），湿周的长短影响水流所受阻力的大小。

（3）水力半径

水流的过水断面面积与该断面湿周之比称为水力半径（R）。

（4）边坡斜度

边坡斜度（m）是指在与水流方向垂直的断面上，某一边的边坡斜度等于边坡的高（H）与靠近该边的溪底到高所在直线的水平距离（L）之比。为保证边坡稳定，砖石或混凝土铺砌的小溪边坡一般斜度为 1:1.0~1:0.75。自然开挖的小溪，根据土质的不同，要求边坡的斜度不同。一般黏质砂土 1:2.0~1:1.5，砖砂质黏土和黏土 1:1.5~1:1.25，砾石土和卵石土 1:1.5~1:1.25，半岩性土 1:1.0~1:0.5，风化岩石 1:0.5~1:0.25。

（5）河流比降

任一河段的落差 ΔH 与河段长度 L 之比称为河流比降（i），以千分率（‰）计。河流的比降分为床面比降和水面比降。床面比降用于表示河床纵断面地形的变化，即坡度；水面比降即河流中任意两端点间的瞬时水面高程差与其相应水平距离之比，用于表明河流全程或分段的水面坡度，故又称水力坡度，通常说的河流比降就是河流水面比降。

3.1.2.2 流速和流量确定

（1）流速

明渠非均匀流中，流速大小与水力半径、溪流比降和粗糙系数有关。

$$v = \frac{1}{n}R^{\frac{2}{3}}i^{\frac{1}{2}} \qquad (3-1)$$

式中　v——流速（m/s）；

i——溪流比降，$i = \dfrac{\Delta H}{L}$；

n——边壁粗糙系数，与边壁特征有关；

R——水力半径，$R = \dfrac{\omega}{x}$，当溪流粗糙率变化不大或河槽溪流形状呈现出宽浅的状态时，$h_{平}$ 取代 R，公式可简化为：

$$v = \frac{1}{n}h_{平}^{\frac{2}{3}}i^{\frac{1}{2}} \qquad (3-2)$$

式中　$h_{平}$——溪流平均水深（m）；当溪流为三角形断面时，$h_{平}=0.5h$；当溪流为梯形断面时，$h_{平}=0.6h$；当溪流为矩形断面或抛物线形断面时，$h_{平}=h$。

在满足其景观功能的前提下，溪流设计还要保证在长期设计流量下运行时，对溪岸和溪底的冲刷不会影响到溪流的平面和剖面的形态，即溪流的土质、砌护材料及溪水含泥沙的情况不同，溪流允许的最大水流速度不同。混凝土硬质山石砌护面流速宜取 8~10m/s，混凝土护面流速宜取 5~8m/s，卵石护面流速宜取 1.5~3.5m/s，黏质土面流速宜取 1.2~1.8m/s，黄土及黏壤土面流速宜取 1~1.2m/s，草皮护面 0.8~1m/s，泥炭土面流速宜取 0.7~1m/s，薄砂质护面 0.7~0.8m/s。

流速也不能过小，否则观赏者感受不到流水的趣味，营造不出溪流的造景效果。流速过小还会产生淤积，阻碍水流，严重时造成小溪景观报废。最小允许流速（临界淤积流速或不淤积流速）可根据达西公式计算求得：

$$v_k = CR \qquad (3-3)$$

式中　C——取决于泥沙颗粒粗糙的系数。

粗砂质黏土值为 0.65~0.77，中砂质黏土值为 0.58~0.64，细砂质黏土值为 0.41~0.54，极细砂质黏土值为 0.37~0.41。

设计流速时，可在最大流速与最小流速之间取值，并结合景观要求来确定结果。

（2）流量

流量即单位时间内通过河渠某一横截面水的

体积。流量是水源选择的关键参数。小溪在流动的过程中流量会减少，流量的损失主要是渗漏和蒸发。溪流水面蒸发水量损失与气候和风速有关，资料不完善时可按总流量的 1% 估算。渗漏量与小溪长度、溪底和壁的土壤渗漏性有关。为减少流量损失，人工小溪一般做防渗处理，尤其是在水源限定条件下设计的循环小溪。防渗处理的方法和人工湖防渗做法类似。总流量和损失流量确定后，结合水源条件确定溪流的给排水方式；结合自然水体和落差设置的小溪，校核溪流设计流量与上游流量是否匹配；水量循环使用的人工溪流，在下游设置水源提升点的蓄水池，要设置补水管和补水水源，补充每日损失水量，保证溪流的景观效果。

人工溪流耗水量大，在很多景观设计中难以维护。在这种情况下，结合城市雨洪管理的低影响开发措施，园林工程师逐渐开始采用节水性能好、维护方便的旱溪。旱溪就是不放水的溪床，人工仿造自然界中干涸的河床，配合植物的营造在意境上表达出溪流的景观效果。旱溪按照人工溪流溪底设计要求设计河底，包括平面、剖面设计和防水措施，水源只考虑雨季时雨水的引入，可以缓解洪峰，减轻周边市政管网排水压力，同时展现一定的雨水景观；非雨季时，无水进入，溪底裸露出来的依然是天然原石景观，游客在溪床上行走也能享受别致的体验。

3.2 人工瀑布

自然界中，河流翻过悬崖峭壁就形成了瀑布。瀑布在地质学上称为跌水，即河水在流经断层、凹陷等地区时垂直地从高空跌落的现象。世界上最著名的三个大瀑布是美国和加拿大交界的尼亚加拉瀑布，非洲赞比西河上的维多利亚瀑布，阿根廷、巴西交界的伊瓜苏瀑布。中国著名的瀑布有黄河壶口瀑布、贵州黄果树瀑布、黑龙江镜泊湖吊水楼瀑布等。这些瀑布均以其独特、壮美的气势吸引着古今中外的游客，给人们带来视觉震撼和美的享受。

3.2.1 人工瀑布背景及形式设计

在城市景观中人工瀑布是造景的重要表现手法之一，动态的气势雄伟的瀑布一方面可以成为环境的亮点，另一方面瀑布在跌落的过程中，与空气接触，可以湿润周围空气，清除尘埃，同时也能产生大量负氧离子，提高环境空气质量。瀑布的水流声也能减弱周边环境的交通噪声，因此在园林、城市广场及居住区域得到广泛使用。从景观角度分析，完整的瀑布景观一般由背景、水源、落水堰口、瀑身、承水潭及下游河流组成（图3-3）。人工瀑布具体的设计内容即结合周边环境和意境气氛需求完成背景、瀑布口形式和给排水系统设计。

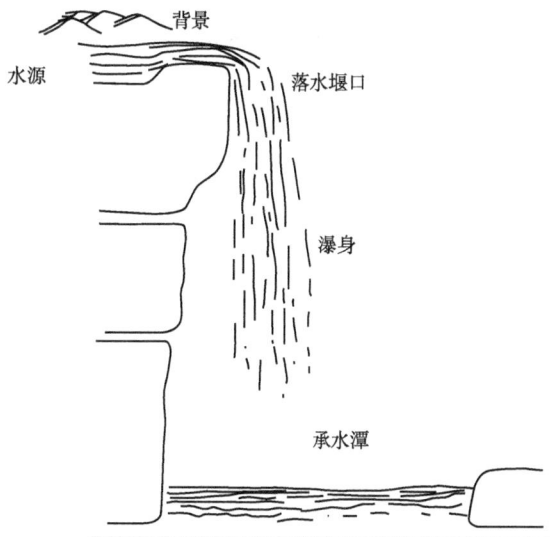

图3-3 瀑布景观构成要素
（依《风景园林师设计手册》改绘）

循环给水系统的人工瀑布系统包括顶部蓄水池、支座支架及落水堰口、循环给水系统、承水潭（图3-4）。循环给水系统又包括循环水泵、循环回水管、循环给水管和相应净水系统等。循环给水管连接顶部蓄水池的进水管，一般隐蔽敷设在支座支架内部，减少对景观效果的影响。循环水泵可采用离心泵或潜水泵，瀑布用水量小时可采用潜水泵，直接设置于承水潭中；瀑布用水量大时采用独立式离心泵，泵房可以隐蔽设置置于瀑布支座内或后面。

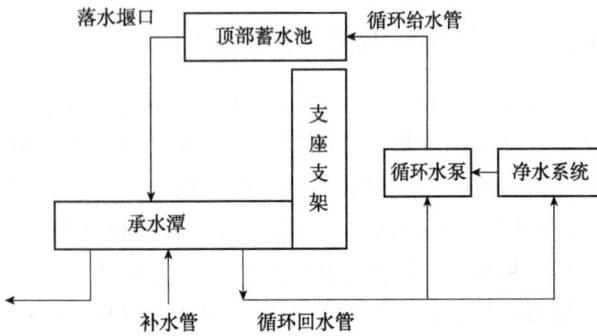

图3-4 循环给水人工瀑布系统组成（曹世玮 绘）

瀑布形式设计按风格不同可分为自然式和规则式。自然式人工瀑布一般设置在公园内，以假山作为背景，下游设置水潭或溪流作为水流的出路，如南京汤山矿坑公园瀑布是我国落差最大的人工瀑布，垂直落差接近100m，最宽处约50m，塑石覆盖面积近10 000m²。瀑布是完全依托于矿坑原始地貌而建，最大化复刻自然山石的天然纹理和造型，演绎自然山石的韵味和风姿。

规则式瀑布一般单独设计成规整、简洁、明快的形式，具有现代气息，如新加坡樟宜机场航站楼"雨漩涡"瀑布是全球最大最高的室内瀑布，由建筑师摩西·萨夫迪（Moshe Safdie）于2019年设计建造。该瀑布流量为37.850m³/min，水源采用收集的雨水，通过顶部的圆孔一直落到落差40m的地下水池，通过水泵循环到屋顶然后重新落下，既环保又有科技感。

自然界常见瀑布水幕形式（图3-5）有多种，人工瀑布中常运用以下几种形式。

（1）悬挂式瀑身

水流从落水堰口溢出后，距底衬有一定距离，不受底衬影响，呈幕布状直流而下。堰口处的整形石呈连续的直线，堰口以下的山石在侧面图上的水平长度不超出堰口，形成的水幕整齐、平滑，非常壮丽。

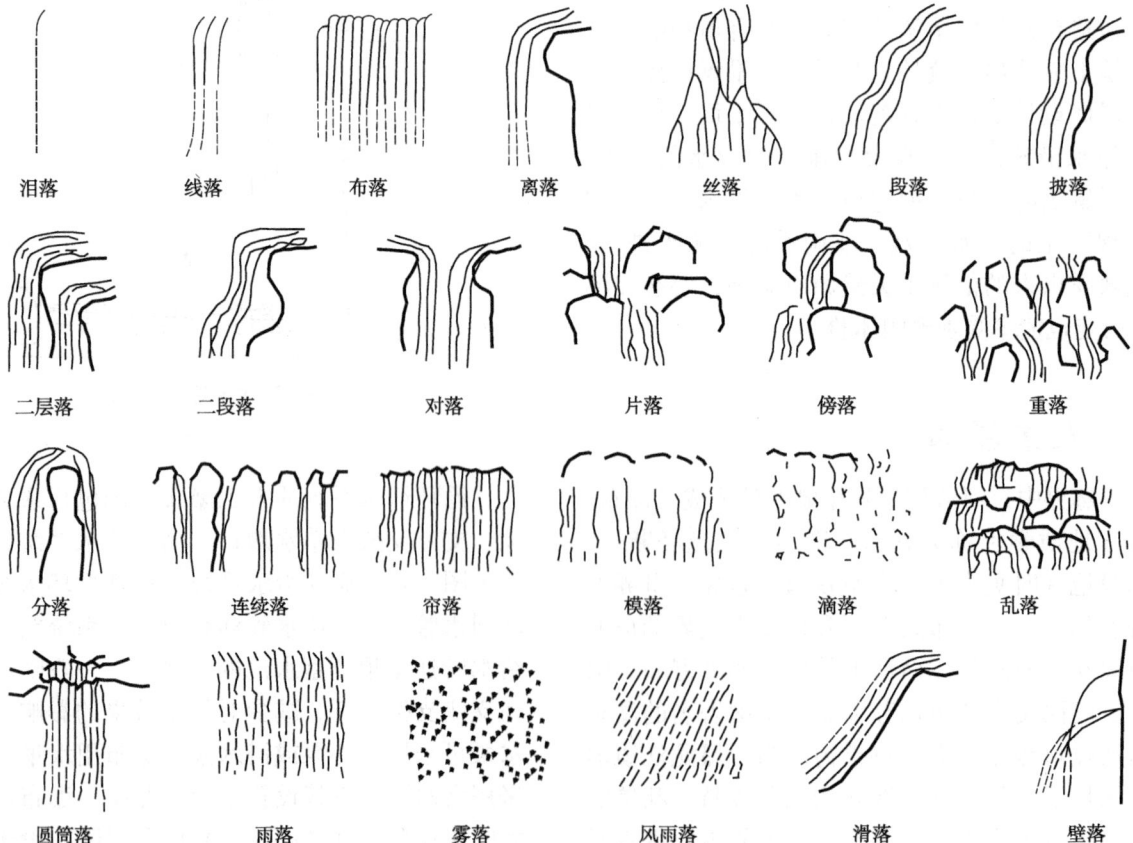

图3-5 常见瀑布水幕形式（依《风景园林师设计手册》改绘）

（2）折线形瀑身

可以将瀑布底衬做成折线形，或在底衬上镶嵌凸出的块石，瀑布流淌时，随着底衬水际线伸出、缩进，逐级溅泛，卷起层层水珠，瀑布就更加活泼而有节奏感。

（3）沿底衬流淌的瀑身

底衬的材料可以用混凝土、花岗岩、玻璃墙或石块等堆砌而成，水流流过粗糙凹凸的底衬，利用光的折射可更具动感。

（4）悬挂式水帘

由落水堰口溢出后，没有底衬，水形如一整片透明布幕凌空悬挂于空中称为悬挂式水幕。与瀑布的区别是无底衬，游人可以顺着悬挂式水幕、水帘的宽度方向平行徒步，或垂直于悬挂式水幕、水帘钻透戏水。该种形式落差高度和水量均较少。

（5）汇流式瀑布

汇流式瀑布即综合折线式瀑布、线状瀑布、倾斜底衬瀑布以及跌水、水梯等特点的特殊形式的瀑布。瀑布的溢流堰是封闭的，水流从溢流堰溢出后，沿倾斜的阶梯式底衬从四面八方逐级回流至中央集水井，故称汇流式瀑布。

瀑布不仅有"飞流直下三千尺，疑是银河落九天"的视觉效果，而且其轰鸣声震撼人心。有时为了突出人工瀑布的声响，增强瀑布冲击潭水的壮观氛围，可以借助现代化的音箱，强化水流跌落的声音以渲染气氛。还可以通过灯光设计，使瀑布在夜晚也能丰富多彩。

瀑布形态的设计是美学设计的重要体现，一般由园林设计相关专业结合环境氛围和景观特色展开，再提交给排水工程专业完成给排水系统设计。

3.2.2　人工瀑布给排水系统设计

从水力学的角度来分析，瀑布就是一种堰流（图3-6），不同堰口出流就是不同的水流状态。根据堰上水头与出水挡墙厚度的比值大小，溢流一般有薄壁堰（$\delta/H<0.67$）、实用堰（$0.67 \leqslant \delta/H<2.5$）、宽顶堰（$2.5 \leqslant \delta/H<10$）、明渠流（$\delta/H>10$）。薄壁堰水流越过堰顶时，堰顶厚度不影响水流的特性，

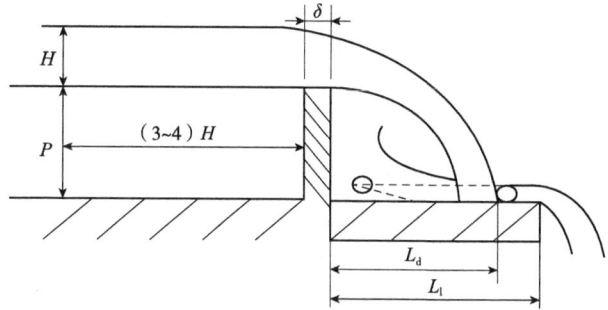

图3-6　堰流流态水力特征图

[依《给水排水设计手册（第三版）第2册建筑给水排水》改绘]

δ. 堰顶宽，即水景蓄水池出水端挡水墙厚度（m）；H. 堰壁（3～4）H处的堰前静水头（kPa）；P. 蓄水池出水端挡水墙高度（m）；L_d. 堰流水舌长度（m）；L_1. 堰流下台阶宽度（m）

根据堰上的形状，有矩形堰、三角堰和梯形堰等；实用堰堰顶厚度影响水舌的形状，它的纵剖面可以是曲线，也可以是折线形；宽顶堰堰顶厚度对水流的影响比较明显，可以忽略沿程水头损失；明渠流水面线无变化。

瀑布必须有足够的水源才能实现设计要求的景观效果，因此在堰口和瀑身设计的基础上，必须进行给排水系统设计，主要包括水源的选择和给排水管路的设计。

3.2.2.1　人工瀑布水源

水源的选择可以利用天然水源和地形差导致的水位差，这要求建设区域内有自然形成的可持续存在的水体和高差，如设置在某些滨湖或滨河区域；也可以直接利用城市市政水源，直流进出，结构简单，维护简单，但维护运行费用高，不符合水资源保护和节水型城市建设的原则，不推荐使用。中小型瀑布可以采用水循环系统重复使用水源，即水泵循环供水，选择一定量的水，通过水泵提升循环利用，仅对损失的水量进行补充，是较经济的一种给水方法。

3.2.2.2　人工瀑布用水量

循环用水的瀑布的运行是一个连续的水流过程，为使瀑布完整、美观与稳定，蓄水槽的供水

量必须满足在一定跌落时间里完整的瀑身所需要的水量，从时间和空间角度分析，瀑布用水量包括蓄水槽内水量、瀑身水量及承水潭内的水量三部分。蓄水槽内保证一定的水量满足溢流平稳，承水潭内水量要不小于循环水泵 3min 的出水量。瀑身所含的水量与瀑布落差（跌落高度）、瀑布宽度及瀑身形状有关。按落差高低不同，人工瀑布可以分为落差小于 2m 的小型瀑布，落差 2~3m 的中型瀑布和落差大于 3m 的大型瀑布。

前述瀑身有悬挂式瀑身、折线式瀑身、线状瀑身、沿底衬流淌瀑布及悬挂式水帘瀑布，这主要是由于溢流形态的不同造成的。瀑布水流从高处水槽溢流跌落形成，根据伯努利能量方程，水流在出流处为急变流状态，堰前水深形成的静水压和行进流速共同构成了堰上总水头。当溢流流量偏小时，水流沿着堰壁下流，无法形成自由抛射，瀑布沿底衬流淌，一般水膜厚 0.003~0.005m。当流量超过某一个临界值后（起抛流量），水流脱离堰壁抛出，并在堰口下缘起形成一段光滑的镜面水舌，水舌的厚度通常表现为水流水膜厚度。镜面水舌的长度和效果会对瀑布景观产生关键性的影响。溢流水舌水膜厚 0.01~0.02m 的为一般悬挂式瀑布，水膜厚度大于 0.02m 为气势宏大的悬挂式瀑布。

瀑布在下落过程中水膜的厚度并不是一成不变的，镜面水舌长度与堰流形式、过堰流量、堰上水头密切相关。在瀑布跌落的过程中，由于势能的变化，水舌的厚度逐渐变薄，瀑布降落到一定的高度时，水会汽化，再加上与空气摩擦、风吹和蒸发的作用，瀑身不再是完整的水膜，而是大量水滴或水雾形成的烟雾缭绕景象。因此，人工瀑布只能在一定高度范围内才能形成有一定厚度的水舌和连续的水流，从而实现悬挂式水帘瀑布的效果（见图 3-3）。大多数瀑布只在上半部是连续水流，中部是条带状水流，下半部为水滴状水流。根据景观要求，自然式瀑布在跌落高度方向上必须包含三种状态的连续，而某些规则式人工瀑布，为表现宁静平和的气氛，跌落均以完整的镜面水舌展现。介于自然式和规则式之间的一些形式的瀑布，瀑身为镜面水舌和条带状水流结合状态展现。

（1）悬挂式瀑布

悬挂式瀑布对瀑身的连续性和水膜的稳定性、完整性要求很高，瀑布用水量需要通过水膜厚度结合瀑布高度保证连续流的状态计算。悬挂式瀑布一般采用宽顶堰，用水量根据堰顶水深与堰流流量之间的关系确定。

$$Q = \sigma_c mB\sqrt{2g}H^{\frac{3}{2}} \qquad (3\text{-}4)$$

式中　Q——瀑布的用水量（L/s）；

　　　σ_c——侧收缩系数，当堰口为矩形时，侧收缩系数为 1；

　　　m——堰流流量系数，与堰的断面有关，参考相关资料；

　　　B——瀑布宽度（m）；

　　　g——重力加速度（取 9.8m/s²），余同。

$$H = H_0 + \frac{v_0^2}{2g} \qquad (3\text{-}5)$$

以堰流特征确定用水量方法只考虑了堰前水头，没有考虑瀑布跌落过程中水舌的形态。某些悬挂式瀑布在要求瀑布水舌形态厚度均匀完整的同时，还要考虑瀑布高度的不同带来的水舌竖向长度及瀑布跌落时间。瀑布从蓄水池跌落到承水潭，水体做自由落体运动，瀑布跌落时间为：

$$t = \sqrt{\frac{2h}{g}} \qquad (3\text{-}6)$$

式中　t——瀑布的跌落时间（s）；

　　　h——瀑布的跌落高度（m）。

则每米宽度的瀑布所需水体积为：

$$V = abh \qquad (3\text{-}7)$$

式中　V——悬挂式瀑布每米宽度的水体体积（m³/m）；

　　　b——瀑身的厚度（m），根据瀑布规模确定；

　　　h——瀑布的跌落高度（m）；

　　　a——安全系数，考虑瀑布在跌落过程中空气摩擦造成的水量损失，可取 1.05~1.1，根据规模确定，大型瀑布取上限，小型瀑布取下限。每米宽度的瀑布设计循环流量为：

$$Q = 1.2 \frac{V}{t} \qquad (3-8)$$

式中　Q——瀑布每米宽度的流量 [m³/（s·m）]；
　　　　1.2 为考虑水在管道里的循环流动的安全系数。

实际工程中，初步设计中也可以根据表 3-1 估算每米宽度的瀑布每秒的用水量。估算法基于国内外水景设计经验确定。

表 3-1　瀑布的用水量（刘祖文，2010）

瀑布高度（m）	堰顶水深（mm）	每米宽度 用水量（L/s）
0.30	6.35	3.10
0.90	9.25	4.13
1.50	12.70	5.17
2.10	16.00	6.20
3.00	19.00	7.23
4.50	22.20	8.27
7.50	25.40	10.33
>7.50	32.00	12.40

注：日本经验，瀑布高 2m 以每米宽度的流量为 0.5m³/min 为宜；国内经验，以每秒延长 5~10L/m 或每小时延长 20~40t/m 为宜。

（2）折线式瀑布

水流从溢流堰溢出后，受折线底衬的阻挡，流速减慢，水层的厚度可以减薄，水舌跃出不明显，因此所需流量可以减小。用落差相同的悬挂式瀑布的计算方法，计算出流量 Q，然后取（1/2~1）Q 即可。

（3）线状瀑布

线状瀑布是一种规则式瀑布，常见的形式有间隔矩形薄壁堰和孔口或管嘴出流两种。间隔矩形薄壁堰（图 3-7），每个堰的堰宽 b 一般采用 0.02~0.05m，间隔宽度 l 一般采用 0.1~0.2m。经溢流形成的水形即为线状瀑布。堰宽 b 值决定线状的粗细，间隔 l 决定水线的疏密。具体取值根据设计人员的意图确定。

$$Q = nq = nCH^{\frac{3}{2}} \qquad (3-9)$$

式中　Q——溢流总流量（L/s）；
　　　　n——溢流堰个数；

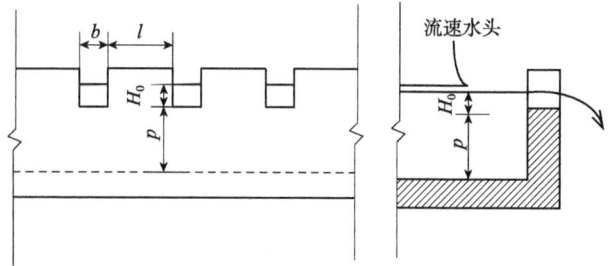

图 3-7　间隔矩形薄壁溢流堰

［依《给水排水设计手册（第三版）第 2 册建筑给水排水》改绘］

b. 堰顶水面宽；l. 堰间隔距离；p. 堰高；H_0. 堰顶水深

　　　　q——每个溢流堰的溢流量（L/s）；
　　　　C——矩形薄壁溢流堰的流量系数，与每个堰的水面宽度 b 有关，可参考相关资料；
　　　　H——堰顶水深（m）。

孔口出流（图 3-8）或管嘴出流形成线状瀑布时，由于孔口的影响，水流存在一个收缩断面，水力计算按孔口出流公式计算。

收缩断面处的流速：

$$v_c = \frac{1}{\sqrt{1+\xi}} \sqrt{2gH} = \psi \sqrt{2gH} \qquad (3-10)$$

式中　ξ——孔口局部阻力系数，与孔口形式有关；

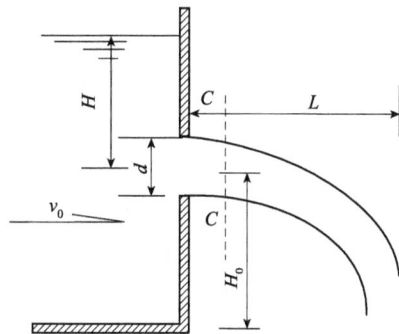

图 3-8　孔口出流

［依《给水排水设计手册（第三版）第 2 册建筑给水排水》改绘］

d. 直径；H. 淹没深度；L. 出流水平射距；H_0. 水线跌落高度

ψ——孔口流速系数。

孔口或管嘴流量：

$$q = v_c w_c = \mu\omega\sqrt{2gH} \qquad (3\text{-}11)$$

$$\mu = \psi\varepsilon \qquad (3\text{-}12)$$

式中 μ——孔口流量系数，其值与喷嘴形式有关；

ω——孔口的面积（m^2）；

ε——断面收缩系数，与喷嘴形式有关。孔口流速系数，流量系数及断面收缩系数参考相关资料。

孔口出流，水流呈抛物线状段跌落，水平射距与跌落的高度有关。跌落高度越高，水平射距越远，因此，承接水池的尺寸设计要与跌落水平射距相适应。

$$L = 2\varphi\sqrt{H + H_0} \qquad (3\text{-}13)$$

（4）垂直或倾斜底衬瀑布

沿垂直底衬或倾斜底衬流淌的瀑布，由于水流阻力较大，流速较慢，与空气的摩擦阻力较小，瀑布破裂的可能性小，瀑身厚度可减弱。因此，在规模相同（落差与瀑宽）的条件下，所需流量较悬挂式瀑布少。水力计算时，可取落差相同的悬挂式瀑布流量的 1/2~1 倍计算，再根据流量选择合适的溢流堰形式，计算堰顶水深。

（5）底衬镶嵌块石后形成的瀑布

瀑身由于受到块石的阻挡，阻力增大，流速减慢，流量减小。这类瀑身的水力计算，也是以悬挂式瀑布作为基础。可取落差相等的悬挂式瀑布流量的 1/3~1/2，再根据所取流量，选择合适的溢流堰形式，计算堰顶水深即可。

补水量用于弥补瀑布跌落的水量损失，通过承水潭的补水管连接补水水源接入。水量损失包括风吹、蒸发、溢流和渗漏等，一般按循环流量或按水池容积的百分数估算，其中，风吹损失占循环流量的 0.3%~1.2%，蒸发损失根据当地气象条件取 0.2%，溢流和排污损失取池容的 3%~5%。

3.2.2.3 增压泵及管道

增压泵将水从承水潭提升至顶部蓄水池，其流量即为瀑布单位时间用水量，考虑一定的安全系数后确定。瀑布扬程为：

$$H = H_0 + h_f + h \qquad (3\text{-}14)$$

式中 H_0——承水潭最低水面到顶部蓄水池高程差（m）；

h_f——水泵吸水管和压水管管路沿程水头损失与局部水头损失之和，根据管材、管路和局部阻力性质确定（m）；

h——蓄水池出水管流出水头，为保证水流平稳，流出水头一般取 2~3m，水槽中设连接水泵的给水管供水，水流速度一般 0.9~1.2m/s，管径根据流量确定。

瀑布在循环使用过程中，受大气降尘、地面杂质、底衬材料等的污染，水中藻类、无机悬浮物及细菌等含量会增加，需定期净化。水循环净化系统的设计在第 4 章介绍。

3.2.2.4 顶部蓄水池

为保证上游水流均匀稳定，在瀑布上端要设置一定深度的水槽蓄水。蓄水池的容积根据瀑布的流量来确定，要形成较壮观的景象，就要求其容积大。蓄水池的宽度根据瀑身设计宽度确定，一般不小于 0.5m。为保证蓄水池内水流稳定，水池要有一定的深度缓冲进水流速，深度一般控制在 0.35~0.6m。为保证水池水面尽量平稳，进水管连接蓄水池时一般设置横向穿孔管多口进水或进水管出口设挡板分散水流，穿孔管的长度与落水堰口的宽度保持一致，池水溢流时流速不宜超过 0.9m/s。蓄水池还要考虑检修清洗，底部设泄空管连接外部排水系统。

3.2.2.5 支座支架及落水堰口

支座支架与瀑布的形式相关，自然式人工瀑布的支座支架通常通过石块的堆砌形成，在形成一定高度、背景和瀑面的同时，也是顶部蓄水池、水泵和输配水管路隐蔽安装的位置。支座支架对应的瀑身高与宽的比例以 6：1 为佳，水面宽最小不得低于高度的 1/10。落水堰口根据瀑布设计形式确定。自然式瀑布面全部以岩石装饰，瀑布面外宜多栽树木。自然式瀑布中的水从堰口溢出时比较自然，瀑身由很多水花组成，堰口一般采用石板、混凝土板，宽1~3 m，与山石或塑石融为一体，模仿自然形态，并以树木及岩石加以隐蔽或装饰。规则式的瀑布要求瀑身平滑、整齐，堰口要保持线性水平，一般固定平直的"Ａ"形铜条或不锈钢条实现相对光滑整齐的溢水口。

3.2.2.6 承水潭

承水潭承受跌落的水流，同时也是循环给水系统的水源。承水潭的大小需要根据瀑布水流量的大小而定，也要综合考虑观赏瀑布的最佳视距、瀑布水不外溅的最小距离等。一般水池的宽度不小于瀑布落差的2/3，以防水花四溅。而观看瀑布全景离瀑布的水平距离（可以用水池的长度来限制）与瀑布的高度相等。水池壁的高度可以结合座椅的高度来设计，为0.35~0.45m，也可以用自然山石点缀，与假山瀑布统一协调。瀑布的水落入潭中，潭底及壁经受一定的冲力，瀑布落差不同，冲力不同。因此需要依据瀑布落差的大小对池底及池壁的结构做加固处理。承水潭作为储水设施，要按水池的进出水要求设计补水管、溢流管和泄空管。补水管连接外部水源，用于补充瀑布工作过程中由于蒸发、渗透和风吹造成的水量损失；溢流管用于排出高于设计水位的水；泄空管用于水池检修时泄空水潭池水的出水管，出水接入周边雨水管网。各种管路的设计要求与人工静水池设计相同。

3.2.3 叠水与跌水

3.2.3.1 叠水和跌水的区别

水在重力的作用下从高处流向低处，在高差较小时表现为叠水和跌水，是瀑布的微缩形式。

叠水是指水流从高向低呈台阶状逐级分层跌落的动态水景。中国传统园林及风景区中常有三叠泉、五叠泉的形式，外国园林如意大利台地园，更是普遍利用山坡地造成台阶式的叠水。叠水的关键不在水口，妙在于叠，强调一种规律性的阶梯落水形式（金儒霖，2006）。台阶也有不同的形状，有的像普通的台阶一样，有的有一定曲线并

且边缘圆滑，又有高低宽窄不同地组合在一起的阶状台阶。台阶的材料质地如装饰砖块、混凝土、厚石板、条形石板或铺路石板、玻璃所带来的效果不同，同时较之相同的材料，粗糙和细腻所带来的效果也是不同的，因此营造出形式不同、水量不同、水声各异的丰富多彩的叠水景观。

跌水也是一种善用地形、美化地形的理想水态。相对于叠水而言，跌水更多表现水的坠落之美，在纵向的立体空间上有着很好的表现力，在实际工程中更是有丰富多样的表现形式。在地形较陡处，水流经过时容易对无护面措施的下游造成激烈冲刷，若在此处设计跌水，可减缓水流对地表的冲刷，同时形成极具韵味的落水景观，这就是自然跌水。结合地形高差设计的水的跌落，可单级跌落，也可以无规律多级跌落。

3.2.3.2 叠水和跌水布置要点

跌水和叠水的形式可根据景观空间风格进行选择。叠水一般适用于现代化风格环境中，跌水则适用于自然式景观中。布置跌水或叠水时，首先，应分析地形条件，重点着眼于地势高差变化确定跌水或叠水的形式；其次，根据水源水量情况确定叠水或跌水的规模；最后，还应结合泉、溪涧、水池等其他水景综合考虑，并注意利用山石、树木、藤萝隐蔽供水管、排水管，增加自然气息，丰富立面层次。跌水的形式多种多样，根据其落水的水态不同，一般可将跌水分为单级式跌水、二级式跌水、多级式跌水、悬臂式跌水和陡坡跌水。

单级式跌水是最基本的跌水形式，由进水口、胸墙、消力池及下游溪流组成。二级式跌水是溪流下落具有两阶落差的跌水，通常上级落差小于下级落差，水流量比单级跌水小，故下级消力池底厚度可适当减小。具有三阶以上落差的跌水称为多级式跌水，水流量一般较小，因而各级均可设置蓄水池（或消力池），水池可为规则式，也可为自然式，视环境而定。水池内可铺卵石，设防水闸、海漫，以削弱上一级落水的冲击。有时为了造景需要，渲染环境气氛，可配装彩灯，使整个水景景观盎然有

趣。悬臂式跌水是将泄水石突出成悬臂状，使水能泄至池中间，落水更具魅力，类似于一种微型悬挂式瀑布。陡坡跌水是以陡坡连接高、低渠道的开敞式过水构筑物，在园林中多应用于上下水池的过渡，由于坡陡水流较急，需稳固的基础。

落差单一可选择单级式跌水，水量小，地形具有台阶状落差，可选多级式跌水。跌水的设计应使上游水位不受影响并能平顺进流，下游能充分消能。进口段左右对称，并有足够长度，使水流渐变收缩，单宽流量分布均匀。为避免下游冲刷，根据上下游衔接的具体情况，采用经济合理的消能措施，一般在消力池与下游渠道间设置一定长度的连接护砌段，以调整流速，平顺流态。

3.2.3.3 叠水和跌水的水力学特征及计算

叠水和跌水从水力学本质上讲都是一种堰流，计算方法和本教材 3.2.2 的瀑布用水计算类似，不同之处在于其跌落高度和水舌宽度要求不同。跌水和叠水首级从蓄水池中跌落出是薄壁堰流态，从台阶逐级跌落流态变化为宽顶堰流态，逐级跌落须以水舌形式展现才能有景观效果。水舌不能太大，否则会越过台阶，无法实现层层跌落；水舌也不能太小，否则附着台阶形成壁流，也达不到景观效果。跌水或叠水的设计，尤其是叠水的设计，在堰流设计中必须保证一定长度水舌 L_d 和台阶宽度 L_1 相匹配（见图 3-6）。为了防止水舌跃过跌水台阶或贴着跌水墙，同时考虑到水舌落到跌水台阶（宽度为 L_1）上引起溅射，一般 L_d 应在（1/10~2/3）L_1 范围内。在实际工程中，受高差和景观空间的限制，台阶的数量 n 和宽度 L_1 只能在一定范围内调整，因此需要通过调整水量 Q 保证实现适宜水舌长度 L_d。

水舌的长度 L_d 与流量 Q 有关，实际工程中先初定堰前水头，初选 0.2~0.4mH$_2$O，堰口为直角时取上限，堰口为斜角或圆角时取下限。此条件下计算的 L_d 不满足（1/10~2/3）L_1，则应调整堰前水深，重新试算流量 Q，并按上述步骤校核 L_d 直至满足要求。流量的确定关键要确定出堰前水头 H。

$$Q = \sigma_c mB\sqrt{2g}H^{\frac{3}{2}} \qquad (3-15)$$

$$H = H_0 + \frac{v_0^2}{2g} \qquad (3-16)$$

$$q = \frac{Q}{B} \qquad (3-17)$$

$$L_d = 4.30D^{0.27}P \qquad (3-18)$$

$$D = \frac{q^2}{gP^3} \qquad (3-19)$$

式中　Q——堰流流量（L/s）；

σ_c——侧收缩系数（当堰口为矩形时，侧收缩系数 σ_c 为 1）；

m——堰流流量系数，与堰的进口尺寸和 δ/H 有关；

B——堰流宽度，即台阶横向长度（m）；

g——重力加速度，取 9.8m/s^2；

H——水流在台阶上行进流速水头和堰前水头（m）；

v_0——行进流速（m/s）；

q——堰口单宽流量（L/s）；

D——跌落指数；

P——跌水墙高度（m）。

一般情况下，跌水流量 Q 越小则 L_d 越小，消耗的动力越小，对降低水景的长期运转费用十分有利。当计算出的 L_d 较小，又不想增大 Q 时，可以在溢流堰的出口增加一段檐口以改善堰流的出流条件，防止水流贴壁。另外，台阶宽度 L_1 越长，水流在台阶平面流动的水头损失越大，所以也可以通过适当减少台阶宽度 L_1 来减少流量 Q，以降低水景运行费用。

3.3　喷泉

3.3.1　喷泉作用及选址

喷泉是一种将水经受一定压力通过喷头喷洒出来具有特定形状的组合体，是园林理水造景的重要形式之一，以简洁明快、高低错落、层次分明、气势恢宏而又多变的造型，带给人们不同的美好感受。喷泉广泛应用于城市广场、公共建筑庭园、城市广场等室内外空间，可以构成一个景区的主体，成为景观的中心，也可以装点、衬托其他景观。静止的景物配以活动的水景，可达到动静结合、映衬互补的效果，避免平淡单调；而且喷泉将水喷到空气中，可以增加附近的空气湿度、空气中的负氧离子浓度，吸附灰尘，减少悬浮细菌数量，改善空气质量，尤其是在炎热干燥的地区更加明显。相关数据表明，喷泉四周近距离范围内降温一般在 1.5℃左右，相对湿度提高 15% 左右，在喷泉开放与关闭的不同时间段，喷泉周围空气中的负氧离子浓度可相差 140 倍，并且负氧离子的浓度与喷泉规模成正比。喷泉还以营造特殊的水流形态和变化，提供亲水功能，满足人们嬉水需求。水景是"物"，理念是"魂"，和特定造型雕塑结合的喷泉还可以具有一定的象征意义，陶冶情怀、振奋精神。例如，在西方传统的大规模宫廷园林中，喷泉群以及依附于喷泉的大型雕塑，传承当地的历史和文化；我国著名的茶叶基地福建泉州和茶壶生产基地江苏无锡也经常采用水壶造型喷泉来传递行业文化。

喷泉选址首先考虑喷泉的主题、形式与环境相协调，用环境渲染和烘托喷泉，以达到装饰环境，或借助喷泉的艺术联想创造意境。开敞空间（如广场、公园入口、轴线交叉中心）宜采用规则式水池，水池大，喷水高，水姿丰富，适当照明，铺装宜规整，配盆花；半围合空间（如街道转角、多幢建筑物前）多采用长方形或流线型水池，喷水柱宜细，组合简洁，配草坪烘托；特殊空间（如酒店、饭店、展览会场、写字楼）宜采用圆形、长形或流线型水池，水量宜大，喷水优美多彩，照明华丽，铺装精巧，常配雕塑；喧闹空间（如商厦、游乐中心、影剧院）宜采用流线型水池，喷水水形丰富，音、色、姿结合，简洁明快，山石背景、雕塑衬托；幽静空间（如花园小水面、园林中浪漫茶座）宜采用自然式水池，山石点缀，铺装细巧，喷水朴素，充分利用水声，强调意境；庭园空间（如建筑

中、后庭）宜采用圆形、半月形、流线型装饰性水池，喷水自由，可与雕塑、花台相结合。

3.3.2　喷泉类型和系统组成

3.3.2.1　喷泉类型

根据项目设备投资、喷头数量和装机总功率不同，可将喷泉工程分为特小型、小型、中型、大型和特大型等工程规模。喷泉有很多种类和形式，大体可以分为以下几种。

（1）按照喷水表现形式分类

①普通装饰性喷泉　由各种普通的水花图案组成的固定喷水型喷泉，利用重力作用或机械压力塑造出各种独立的呈某种艺术性的形体，也可以与雕塑、水盘、观赏柱等组合造景，还可以将水雾化后喷出，营造虚无缥缈的自然意境，使空气纯净而湿润。

②趣味喷泉　具有人景互动功能的亲水性和趣味性良好的喷泉，通常有跳泉或游戏喷泉。跳泉是喷出距离、方向可控的水柱的喷泉；游戏喷泉是根据游人的动作产生反应的喷泉（如喊泉、跑泉、键盘泉等）。

（2）按照喷泉水池形式分类

①水喷泉　也称敞露式喷泉。喷头和配水管道安装在水池或自然水体中，水裸露在外，观赏者能看到水池、水面及喷水设备，喷头水喷出后直接落入水池，观赏者只能站在旁边观看。

②旱式喷泉　简称旱喷，喷头设置在地面以下，地面下设置承接水槽（代替承接水池）、配水管道等，地面饰以光滑美丽的石材，可铺设成各种图案和造型。旱喷通常以趣味喷泉为主，如戏水踏泉、环型跳泉等。旱式喷泉既不占休闲空间，又能作为喷泉为游人提供近水嬉戏的场所，非常适用于游乐园、公园、宾馆、饭店、商场、大厦、街景小区。

（3）按照喷泉控制方式分类

①手动控制　即将喷头和照明灯具分成若干组，每组分别设置控制阀门（或专用水泵）和开关，人工调节其喷水流量、喷水高度和射程等。

运行控制简单，适用于微型及小型喷泉。

②程序控制　各独立喷水造型分别设置专用水泵或电动阀（或气动阀、电磁阀等），利用时间继电器、可编程序控制器或计算机，使其喷头和灯具按照程预先输入的程序运行，可实现丰富多彩、变化多端的水流造型。

③音乐控制　音乐喷泉系统是综合先进科技成果，集音乐控制、程序控制、人工智能控制技术于一体的控制系统。设备由专业计算机通过网络多级互连控制技术控制水型与音乐同步，给观赏者带来视觉和听觉的震撼享受。

（4）按喷泉设备移动性划分

①固定式喷泉　喷水设备（喷头、管道、水泵等）、照明设备、控制设备和喷泉水池均固定设置。大多数喷泉工程，尤其是中型以上工程属于此类。

②半移动式喷泉　喷水设备和照明设备可随意移动，但控制设备和喷泉水池固定设置。

③移动式喷泉　喷水设备、照明设备、控制设备和喷泉水池均可移动，一般是将四者组装在一起的定型化、设备化、可整体移动的特小型或小型喷泉设备。

④浮箱式喷泉　一般结合大型湖泊设置。喷泉及一切附属设备均安装在浮箱上，浮箱随水面升降，且不受风浪影响。在我国北方地区，湖面会结冰，可以将浮箱降至冰层以下，防止因结冰而损坏设备。

（5）按喷水高度划分

①普通喷泉　垂直喷水高度在50m以内，基本可按一般水力计算公式计算。

②高喷喷泉　垂直喷水高度在50~100m，常用于水力计算公式已不适用的喷泉。

③超高喷泉（百米喷泉）　垂直喷水高度在100m以上的喷泉工程。如济南大明湖108m高的喷泉、宁夏银川丽景湖128m高的喷泉。

高喷或超高喷泉用水量大，多安装于大面积天然水体上，高度与广度相适应，恢宏壮观，可作为城市的标志。

3.3.2.2　喷泉系统组成

人工喷泉主要由水池、喷头、给排水系统、亮化照明系统、电气设备和控制系统等组成。

（1）水池

容纳喷泉系统喷水所需的水量的设施，其平面形状、尺寸和水深一般由总体设计根据容积要求结合空间景观要求确定。平面尺寸应考虑池内喷水水柱距水池边缘或收水线的距离（喷头至水池收水边际，即池内壁或收水坡度起始线的距离），根据水滴飘移距离进行核算，且不得小于喷水高度的1/2。水滴漂移距离的计算公式为：

$$L = 0.0296 \frac{Hv^2}{d} \tag{3-20}$$

式中　L——水滴在空中因风吹飘移距离（m）；

　　　H——水滴最大降落高度（m），根据喷水高度确定；

　　　v——设计平均风速（m/s）；

　　　d——水滴直径（mm），与喷头形式有关，螺旋式喷头和碰撞式喷水滴直径一般为0.25~0.50mm，直流式喷头水滴直径一般为3.0~5.0mm。

水池计算半径r根据喷射水柱与水平面的夹角θ和水滴最大降落高度H确定：

$$r \geq \frac{H}{\tan \theta} \tag{3-21}$$

在水池尺寸已确定的情况下，允许喷高取决于当地的风力。

水深根据喷水过程要求的水池需容纳水量确定，具体水量计算方法见3.3.4初次充水量计算。当水池兼作消防或绿化水贮存用途时还应满足其他用途要求。

水池有水位控制和补水要求，深度同时应满足管道、水泵、喷头、给水口、泄水口、溢流口、吸水坑、灯具等的布置要求，全部明装的水泉，水深不小于0.6m；全部暗装的水泉，水深不大于0.05m；如果仅灯具明装，水深不小于0.3m。旱喷管道安装在地面以下，除满足管道和灯具的安装要求外，还应满足安装维护空间要求一般，水深不小于 0.8m。在水柱距池边的最小距离小于收水距离时，池岸应设坡向水池的坡度，且进行防水处理。旱喷水池上的地面可以不做坡度，但旱喷收水线与水池之间的地面应有坡向水池的坡度，坡度不小于 0.5%。水池收水线范围内应设 1% 坡度，坡向为水池中心，并应采取收水措施。池底回水口顶面应设格栅，格栅间隙应经计算确定。设置在室外的喷泉水池，为了防止因降雨使池水上涨造成溢流，在池内应根据设计暴雨流量的要求设置设溢流口和溢水管，并以不小于 0.5% 的坡度直通周边市政雨水井。为防止水面漂浮杂物堵塞管道，溢水口宜设有格栅，栅条间隙应经计算确定。为了便于清洗和在不使用的季节把池水全部放完，水池底部应设泄水管，直通周边市政雨水井，也可结合绿地喷灌或地面洒水另行设计。池底回水口可兼作泄水口，但回水管和泄水管应分设。泄水口宜采用重力方式泄水。当不具备重力泄水条件时，应采用机械排空方式，排空时间不宜超过 48h。水池做法和静水景观工程中的水池设计相同（详见本教材 2.3），要求结构牢固、表面平整、无泄漏。

（2）喷头

喷头是实现喷泉形式重要的末端设备，详见本教材 3.3.3。

（3）给排水系统

给排水系统的作用是满足喷泉系统用水点对水质、水压和水量的要求，包括水源、管道系统、阀门、水泵等，详见本教材 3.3.4。

（4）亮化照明系统

喷泉的配光也是喷泉设计的重要内容，用于喷泉展示形式多样化的提升。还可根据不同类型的喷泉需要增加灯光秀、音效、全息影像、激光表演等。喷泉照明多为内侧给光，根据灯具安装位置的不同，可分为水上环境照明和水体照明两种方式。水上环境照明，灯具多安装于附近的建筑设备上。水上环境照明的特点是水面照度分布均匀，色彩均衡、饱满，但往往使人们眼睛直接或通过水面反射间接看到光源，会产生眩光。水体照明，灯具置于水中，多隐蔽安装于水面以下 5cm 处，特点是可以欣赏水面波纹，并能随水花

的散落映出闪烁的光，但照明范围有限。喷头和灯光密度要适当，根据喷泉特征要求确定喷头和灯具的数量。对于热烈多变的程控音乐喷泉，单位面积内喷头与灯具的平均数量可多一些（一般喷头 1~3 个 /m，灯具 0.5~2 只 /m），其他情况下可适当减少。喷泉配光，其照射的方向、位置与喷水水姿有关。喷泉照明亮度要求比周围环境高，如果周围环境亮度较大，喷水的前端要有 100~200lx 的光照度；如果周围较暗，则需要有 50~100lx 的光照度。

（5）电气设备和控制系统

主要用于程控喷泉和音乐喷泉，用于增加喷泉喷水形式的多样化，并与亮化和音效配合。音乐喷泉的控制系统主要由音频控制系统、水路控制系统、灯光控制系统和电气控制系统构成。音频控制系统包含播放器、放大器、扬声器、音柱等；水路控制系统主要由喷泉控制器、变频器、水泵、多功能调节阀、喷头和供水管网组成；灯光控制系统包含各种灯具、灯具控制软件系统、灯光控制回路系统等；电气控制系统包含弱电控制回路、强电系统、水泵、喷嘴等硬件，可分为集中式控制、现场总线式控制、网络现场总线式控制。多媒体音乐控制应用多媒体计算机把音源、水形、图像、灯光、激光和焰火等多个不同系统的管理集成于一体的控制，是目前喷泉较好的表现形式。

喷泉控制系统类型，应根据喷水系统和其他相关系统的具体情况、要求，经成本核算确定。下文将重点介绍喷泉的喷头和给排水系统。

3.3.3　喷泉系统的喷头

喷头是喷泉的主要组成部分，由接头、流道和喷嘴三部分组成，是利用管道系统的压力，使水经过喷嘴的造型形成各种预想的、绚丽的水花，喷射在水面的上空的整体装置。单个喷头只有一个接头，但可具有多流道与多喷嘴。喷头的形式、结构、制造的质量和外观等，都对整个喷泉的艺术效果产生重要影响。喷头可参照行业标准《喷泉喷头》（CJ/T 209—2016）选用。

3.3.3.1 喷头的材质及形式

喷头需要长期浸泡在水中或暴露于大气中并喷射高压水柱，喷头会受水流（有时甚至是高速水流）的摩擦，因此选用的材料应满足摩擦阻力小、耐磨性好、不易锈蚀、重量较轻、易于加工制造、表面光洁美观、便于维修更换等要求。喷头材料有黄铜或青铜，喷射高度低、规模小的喷泉可以采用陶瓷、玻璃、工程塑料、铸造尼龙（己内酰胺）等材料。

喷头的艺术造型参数包含射流的空间尺寸（如喷射高度和喷射水平范围）与射流的观赏性状。目前国内外经常使用的喷头见表 3-2 所列。观赏性状包括纯射流、水膜射流、泡沫射流和雾状射流等。纯射流是指未受干涉，从管嘴或孔口喷射出的水线；水膜射流是液体从平整的缝隙或在喷嘴外加上折射面后喷出的膜状射流；泡沫射流是液体通过喷嘴喷出时形成气液两相流的射流；雾状射流是液体通过喷嘴喷出时形成类似云状细小水滴的射流。

3.3.3.2 喷泉水型设计与制作

水型是喷泉水景的主体，是喷泉最具生命力、艺术性的水型，其依靠工程技术人员的聪明才智、艺术文化修养和想象能力，运用各种喷头、机械装置、灯光照明、控制设备等手段，设计与制作成千变万化的水型，这些水形或具有象征意义，或内涵深刻，或形象逼真，或婀娜多姿。喷泉工程独立运行单元可以由一台水泵或一个阀门供水的一组喷头组成，也可以由多台水泵或阀门并联供水的一组喷头组成。组合喷水造型由若干独立喷水造型组合成完整的喷水景观。复杂一些的喷泉工程，常由多组独立喷水造型构成，它们依靠水泵或阀门的相互切换、组合，构成多种组合喷水造型。

表 3-2　常见喷头形式

喷头类型	类型说明
单射程喷头	定向直射型喷头能喷射出垂直或倾斜的固定射流，可调定向直射型喷头喷水压力可以调节；万向直射型喷头喷嘴的喷射角度可以一定角度为轴任意选定，可以组合成非常丰富的水造型
喷雾喷头	有离心式和撞击式两种。离心式喷头在套筒内装有螺旋状导流板，使水沿导流板螺旋运动，当高压的水由出水口喷出后，能形成细细的雾状水珠；撞击式喷头是在出水口外装一个雾化针，当高速水流与雾化针碰撞时，将水流粉碎形成水雾
涌泉喷头	喷水时将空气吸入而形成丰满的水丘，水声较大，气氛强烈，带有白色膨胀的泡沫，呈白色不透明状，有很好的吸光性能。涌泉喷头抗风力强，对水位有一定的要求，变化的水位会形成丰富的喷高，极富动感
旋转式喷头	利用水的反作用力或其他动力推动喷头的转筒旋转，使喷嘴不断旋转，从而形成各种旋转扭曲的喷水造型
扇形喷头	也称为孔雀形喷头，外形扁扁的像鸭嘴，能喷出多条水线，形成扇形水膜或像孔雀开屏一样美丽的水花形态
蒲公英形喷头	这种喷头是在圆球形的壳体上装有数十个放射形的短管，又在每个短管的顶部装有一个伞形喷头。当喷水时，能形成闪闪发光的球形体，酷似一朵美丽的蒲公英
树冰形喷头	喷头上部有一个花瓶形套筒，并有支架与下面的喷头相连接。当压力水由喷嘴喷出时，在出水口附近形成负压区，能将附近的水吸入套筒与喷嘴喷出的水汇合，形成树状水柱喷向上空，与涌泉喷头相似，不同之处在于其高度略高
水膜喷头	种类较多，共同特点是出水口前面有一个可以调节成不同形状的反射器，当水流通过反射器时对水花进行造型设计，从而形成不同样式的水膜，如牵牛花形、半球形、扶桑花形等
波光泉喷头	水流通过特制的波光泉喷嘴喷出，形成的水柱沿着设定的轨迹喷射。在波光泉喷头内部可以设置强光源，光通过波光泉水柱的全内反射效应可弯曲成一束抛物线型光柱

（1）设计与制作原则

构成喷水造型的美学原则与一般绘画、摄影、雕塑等艺术构图原理相同，所以喷泉工程设计者应具备一定的美术理论知识和丰富的想象力，要避免各基本水形和各独立喷水造型的水柱相互碰撞干扰。应充分发挥自动控制的作用，尽量使水流的运行表演处于连续不断的动态变化过程之中。喷头的选择根据喷水造型来确定，喷水造型设计根据景观风格确定，不同气势选择不同的喷头，同时考虑声音、环境风力、水源水质条件等因素，与总体规划协调一致，按照总体规划要求，水景可以作为中心主体景观，也可作为其他景观的辅景、点缀或衬托，应服从总体规划需要设计喷水造型。

为有利于供电系统稳定运行，用机械设备制作水形时各组合喷水造型的用电总功率不要悬殊太大。构成组合喷水造型的各独立喷水造型最好不要一起切换，可一组组地切换，逐步由一种喷水景观向另一种喷水景观过渡，以便减少对电力系统的负荷冲击和防止水景景观"冷场"。

（2）水型

①单喷嘴喷头或多喷嘴喷头直接喷射而成的水型　用单喷嘴喷头或多喷嘴喷头通过管道和增压设备连接，在外压作用下直接喷射，喷头位置固定，营造固定的水形，控制简单，水形单一。喷泉水型的基本式样如图 3-9 所示。

②用机械设备制作组合水型　组合喷泉动态变化包括水形组合变化、喷水高低变化、射程变化、疏密变化、方向变化、动作频率变化、色彩和照度变化等。水型制作的机械装置一般有电动机 - 涡轮

减速器传动装置，电动机 - 齿轮减速器传动装置、液压千斤顶传动装置和喷射反推动装置。电动机 - 涡轮减速器的传动装置可以连接各活动喷头，也可以连接各活动输水支管，调节传动臂的长度，获得摇摆的不同幅度；电动机 - 齿轮减速器传动装置工作时，水下微型电机分别带动齿轮与齿轮板，喷头既可围绕垂直轴 Y 摇摆，也可围绕水平轴 X 摇摆，制造出海浪摇摆等水形；液压千斤顶传动装置工作时，千斤顶上下移动带动辅助圆环管平稳地上下移动，并拉动所有喷头同时左右摇摆，喷出的水柱同时向心、离心不断地摇摆，形成花篮圆摇；喷嘴喷射反推 - 活动接头装置是利用喷泉水柱从喷嘴中高速喷出时的反作用力的推动、加活动管件（活动弯头或短管接头）使喷泉水柱不断旋转，制造出一组旋转向上的美妙的水龙。

3.3.3.3　喷头的工作压力和流量

（1）喷头水力计算基本公式

从水力学角度分析，喷泉喷头工作的本质是一种孔口出流，流量和压力均与孔口的特征有关。工作压力指喷头入口处的水压，可以用安装在距喷头入口 200mm 的直管段上的压力表测定。喷头的工作压力：

$$H = H_0 + 10\frac{v_0^2}{2g} \qquad （3-22）$$

式中　H——喷头工作压力（kPa）；
　　　　H_0——喷头静水压力（kPa）；
　　　　v_0——喷头入口处流速（m/s）。

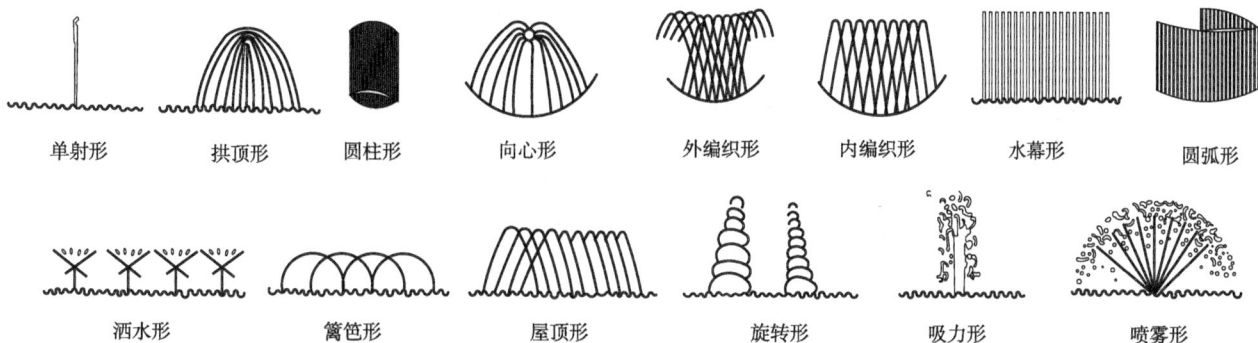

| 单射形 | 拱顶形 | 圆柱形 | 向心形 | 外编织形 | 内编织形 | 水幕形 | 圆弧形 |

| 洒水形 | 篱笆形 | 屋顶形 | 旋转形 | 吸力形 | 喷雾形 |

图3-9　单喷嘴喷头或多喷嘴喷头水形的基本式样（依《风景园林师设计手册》改绘）

喷嘴出口处的水压称为喷嘴压力，用 H_z 表示。由于喷嘴出口处，静水压力完全转化为喷嘴的流速水头，故喷嘴压力的理论计算公式为：

$$H_z = 10\frac{v_z^2}{2g} \qquad (3-23)$$

式中 H_z——喷嘴压力（kPa）；

v_z——喷嘴出口处的流速（m/s），余同；

$\dfrac{v_z^2}{2g}$——喷嘴的流速水头（mH_2O）。

水流沿喷头流动产生摩擦损失，用 h_f 表示，故喷嘴压力：

$$H_z = H - h_f = H_0 + 10\frac{v_0^2}{2g} - h_f \qquad (3-24)$$

由于喷头内部的摩擦损失很小，h_f 可以忽略不计，因此可以视为：

$$H_z = H = H_0 + 10\frac{v_0^2}{2g} = 10\frac{v_z^2}{2g} \qquad (3-25)$$

喷头压力，喷嘴压力和喷嘴流速之间的理论公式是喷泉特别是高喷喷泉、超高喷嘴的设计和水力计算的依据。单个喷嘴流量计算公式为：

$$v_z = \varphi\sqrt{20gH} \qquad (3-26)$$

$$q_z = \mu f\sqrt{20gH} \times 10^{-3} \qquad (3-27)$$

$$\mu = \varphi\varepsilon \qquad (3-28)$$

式中 φ——喷嘴流速系数，其值与喷嘴形式有关，根据喷头样本参数或实测确定；

q_z——喷嘴流量（L/s）；

μ——喷头流量系数，其值与喷嘴形式有关；

f——喷嘴断面积（mm^2）；

ε——水流断面收缩系数，为水流收缩断面面积与喷嘴面积的比值，与喷嘴形式有关。因为水流流出喷嘴后，受惯性与表面张力的作用，断面面积略小于喷嘴面积。

（2）常用喷头压力和流量计算方法

常用的喷头有直流喷头、环形缝隙喷头、折射喷头、离心式喷头和水雾喷头。

①直流喷头

$$v_0 = 4.43\sqrt{10H} \qquad (3-29)$$

$$q = K\sqrt{10H} \times 10^{-3} \qquad (3-30)$$

$$S_B = \frac{10H}{1 + 10\alpha H} \qquad (3-31)$$

$$\alpha = \frac{0.25}{d_z + (0.1d_z)^3} \qquad (3-32)$$

$$\beta = \frac{S_B}{S_K} = 1.19 + 80\left(0.01\frac{S_B}{\beta}\right)^4 \qquad (3-33)$$

式中 H——喷头工作压力（kPa）；

α——空气摩擦阻力系数，与喷射高度及喷嘴内径有关，可参考相关资料；

d_z——喷嘴直径（mm）；

S_B——垂直射流时射流总高度（m）；

S_K——垂直射流时密实射流总高度（m）；

β——垂直射流时射流总高度与密实射流高度的比值，可参考相关资料。

倾斜喷射时，水流在重力的作用下，并受空气阻力的影响，射流轨迹呈抛物线形（图3-10）。

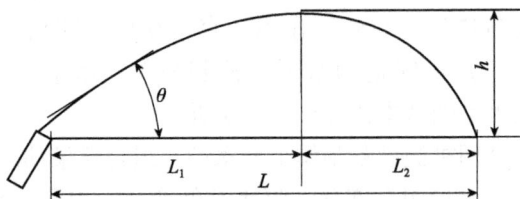

图3-10　倾斜喷射时射流轨迹

［依《给水排水设计手册（第三版）第2册建筑给水排水》改绘］

h. 倾斜喷射时射流轨迹最大高度（m）；*L*. 倾斜射流的水平射程，$L = L_1 + L_2$；L_1. 射流上升段的水平投影长度（m）；L_2. 射流下降段的水平投影长度（m）；*θ*. 倾斜喷射时喷头仰角（°）

L、L_1、L_2 及 h 取决于喷头的工作压力 H（kPa）、喷射倾角 θ、重力及空气阻力的综合作用，根据抛物线公式计算：

$$L_1 = 10H\left[\frac{1}{2}\sin 2\theta + \cos^3\theta \times \ln\left(\frac{1+\sin\theta}{\cos\theta}\right)\right] \qquad (3-34)$$

因 $\sin2\theta=2\sin\theta\cos\theta$ （3-35）

代入上式得：

$$L_1 = 10H\cos\theta\left[\sin\theta + \cos^2\theta \times \ln\left(\frac{1+\sin\theta}{\cos\theta}\right)\right] = 10B_1H$$

（3-36）

$$L_2 = 20H\cos\theta\sqrt{\frac{2}{3}(1-\cos^3\theta)} = 10B_2H$$

（3-37）

水平射程为：

$$L = L_1 + L_2 = 10(B_1+B_2)H = 10B_0H \quad （3-38）$$

倾斜喷射时，垂直高度的计算公式为：

$$h = \frac{20}{3}H(1-\cos^3\theta) = 10B_3H \quad （3-39）$$

上式计算比较麻烦，可以把 B_1、B_2、B_3 值与倾角 θ 制成表格，方便计算，可由相关资料查出。在喷头的工作压力 H 相同的条件下，水平射程最大值出现在 $\theta = 40°$，$B_0 = 1.763$ 时；垂直高度的最大值出现在喷射倾角 $\theta = 90°$，$B_3 = 0.667$ 时，即喷头垂直安装，向上喷射，喷射高度最大。根据公式，当 $\theta = 90°$，$\cos90° = 0$，水平射程 $L=0$。最大垂直高度为：

$$h = \frac{20}{3}H(1-\cos^3\theta) = 6.67H \quad （3-40）$$

因此，可根据人造水景的设计要求，在喷头工作压力相同的条件下，采用不同的喷头安装倾角，可获得所要求的水平射程与垂直高度。

②环形缝隙喷头　其喷嘴断面为环状缝隙，当压力水从喷嘴中直射喷出时，其水柱呈环状空心水膜，形似水晶圆柱，其水势宏伟壮观，抗风性能良好。

$$q = 3.48(D_1^2 - D_2^2)\sqrt{10H} \times 10^{-3} \quad （3-41）$$

如果缝隙为管壁横向，喷头流量：

$$q = 2.7D\theta b\sqrt{10H} \times 10^{-5} \quad （3-42）$$

$$\theta = (0.7\sim0.9)\theta' \quad （3-43）$$

如果缝隙为管壁纵向，喷头流量：

$$q = 5.4R\theta b\sqrt{10H} \times 10^{-5} \quad （3-44）$$

式中　q——喷头的流量（L/s）；

D_1——环形缝隙喷头出口直径（mm）；

D_2——环形缝隙喷头导杆直径（mm）；

D——喷管内径（mm）；

b——缝隙的宽度（mm），一般采用 5~10mm；

θ——喷出水膜的夹角（°），一般比喷头缝隙夹角小一些，且夹角越小相差越大；

θ'——喷头缝隙夹角（°），一般采用 60°~120°；

H——喷头入口处水压（kPa）。

③折射喷头

环向折射喷头流量：

$$q = (2.78\sim3.13)(D_1^2 - D_2^2)\sqrt{10H} \times 10^{-3}$$

（3-45）

单向折射喷头流量：

$$q = 1.74d^2\sqrt{10H} \times 10^{-3} \quad （3-46）$$

在 $200 < \dfrac{H}{d} < 2000$ 范围内，单项折射喷头的射程为：

$$L = \frac{10H}{0.43 + 0.014\dfrac{H}{d}} \quad （3-47）$$

式中　D_1——环形折射喷头出口直径（mm）；

D_2——环形折射喷头导杆直径（mm）；

d——单向折射喷头出口直径（mm）；

H——喷头入口处水压（kPa）。

④离心喷头

$$q = Kr_c^2\sqrt{10H} \times 10^{-3} \quad （3-48）$$

$$A = \frac{lr_c}{r_0^2} \quad （3-49）$$

式中　K——特性系数；

r_c——喷嘴半径（mm）；

r_0——进水口半径（mm）；

H——喷头入口压力（kPa）；

A——结构系数；

l——进水口与出水口中心距（mm）。

⑤水雾喷头

$$q = 2.28mKd\sqrt{10H} \times 10^{-3} \qquad (3\text{-}50)$$

式中　K——特性系数，螺旋喷头为40~50，碰撞喷头为35~45；

　　　　d——喷嘴直径（mm）；

　　　　m——喷嘴个数。

3.3.4　喷泉给排水系统

给水排水系统应满足喷泉喷放过程中水量、水压和水质的要求。喷泉给排水系统的设计应符合现行国家标准《建筑给水排水设计标准》（GB 50015—2019）和水景喷泉工艺相关的规定。

3.3.4.1　喷泉供水系统

（1）水源选择

建设区域的水源条件是限制喷泉类型和规模的重要因素，选择的水源应满足水量和水质要求。喷泉工程总体规划应在可利用的水资源条件下计算和确定水景喷泉景观水体的水面形状、总面积、高程水深和最小总容量。根据节水设计规范，喷泉水体的水源种类宜选用天然河流湖泊、水库水、雨水、雪水、工业循环水、再生水、地下水、海水。除滨海或海上水景喷泉工程外，应优先采用天然淡水水源，在缺水地区应优先采用再生水源。天然或人工河道、湖泊、水库应经污水截流，必要时需经河道清淤和堤岸驳岸等治理后，方可用作景观水体。除具有足够流量和水压的水源可供利用外，绝大多数喷泉工程均采用喷泉水池池水加压循环供水方式。根据水景功能要求的不同，可将水体循环分为造景类用水循环系统和水处理循环系统。本节主要阐述造景类喷泉给排水系统。当水景喷泉的水体水质不能达到规定的水质标准时，应进行水质净化处理后循环使用，循环水处理系统详见本教材4.2。

（2）供水方式

喷泉的供水系统任务是在喷泉喷头型号和喷水造型确定后，通过管道将喷头与水源连接起来，同时设置增压设备保证供水压力，实现特定的水形景观效果。根据水源的使用方式不同，可分为直接供水方式和增压泵供水方式两种。

①直接供水方式（图3-11）是在外网水量和水压能够满足喷泉喷头的压力和流量要求时，将供水管直接接入喷水池内与喷头相接，给水喷射一次后即经溢流管排走，因此也称为直流式供水，供水系统简单，占地少，造价低，管理简单，但水不能重复利用，耗水量大，运行费用高，不符合节约用水要求。同时，由于供水管网水压不稳定，水形难以保证。直流供水方式常与假山盆景结合，可做小型喷泉、孔流、涌泉、水膜、瀑布、壁流等，适合于小庭园、室内大厅、江河湖畔利用江河湖水设置水景及一些临时场所的水景。

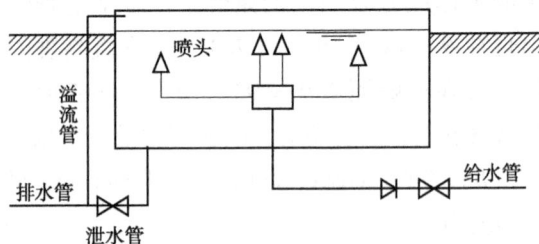

图3-11　直流式供水形式

（依《风景园林师设计手册》改绘）

②增压泵供水方式　在外网压力不能满足系统压力和流量要求时，系统单设增压设备。根据增压设备类型和设置位置的不同，又分为潜水泵循环供水形式和单设水泵循环供水形式。

潜水泵循环供水形式（图3-12）中潜水泵安装在水池内，与供水管道相连，水经喷头喷射后落入池内直接吸入泵内循环利用，布置灵活，系统简单，占地少，造价低，管理容易，耗水量小，运行费用低，符合节约用水要求。但是潜水泵扬程不可调节，适用于水形单一的喷泉。池水较浅或要求水泵高度较低时宜选用卧式潜水泵，或在水池底部局部区域加深设置集水坑安装潜水泵。

随着科学技术的日益发展，大型自控喷泉不

断出现，为适应水形变化的需要，常常采取单设水泵供水（图 3-13），系统控制水形灵活，耗水量小，还可在泵房可增加水净化设备保证喷泉水质，运行费用低，符合节约用水要求。但系统复杂，占地大，造价高，不便于管理，为减少管线距离，循环水泵房宜靠近景观水池设计。

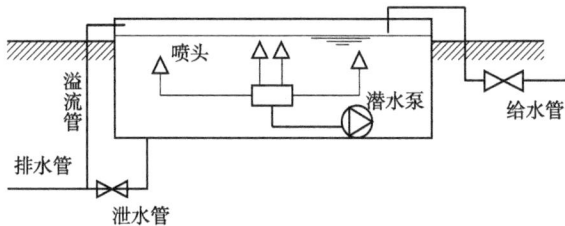

图3-12　潜水泵循环供水形式
（依《风景园林师设计手册》改绘）

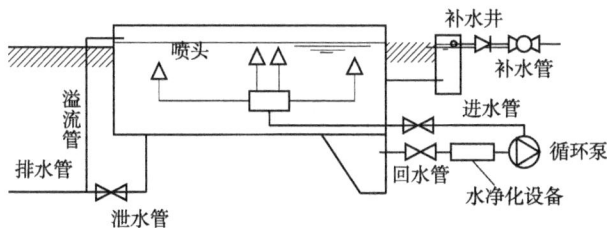

图3-13　单设水泵循环供水形式
（依《风景园林师设计手册》改绘）

（3）供水管网组成与形式

供水管网由输水干管、支管、水泵及喷头、配件等组成，布置的原则是管线简洁，管道总长度要短，减少水头损失。喷高、射程、水形相同的喷头，工作压力必须相等，因此，以工作压力相等的水形为单元布置各自独立的管网。各独立管网之间可以敷设连接管道，必要时可以互相调配水量。管网管道尽量水平敷设，避免高低起伏，以免管网中积聚气体，影响水流畅通。管网形式按照形状通常有树枝状供水管网（图 3-14）、配水器（稳压罐）配水管网（图 3-15）、环状管网（图 3-16）和混合式管网。

树枝状供水管网布置呈树枝状，水泵至每个或每组喷头的距离应基本相同，以保证喷头的喷射高度与水形相同且同步。配水器由钢板焊接而成，可用球形或圆柱形，具有一定的容积，能储存足够水量，以便向各喷头或水景提供稳定的水量，兼具有简化管网、减短管道长度、减少水头损失、噪声低等优点。

环状管网呈圆环形或正多边形，圆环的直径大小取决于水池尺寸及水景水形、喷头个数。按环的数量可以分为单环集中供水环状管网（图 3-16 a）、

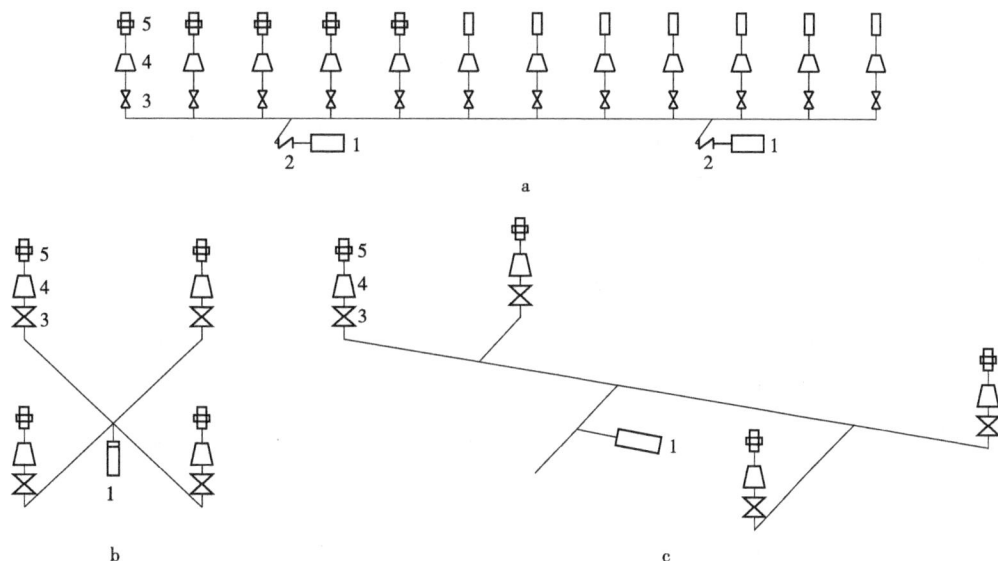

图3-14　树枝状供水管网（依《风景园林师设计手册》改绘）

a. 长条形；b. 交叉带；c. 分支形
1. 潜水泵；2. 逆止阀；3. 阀门；4. 大小头；5. 喷头

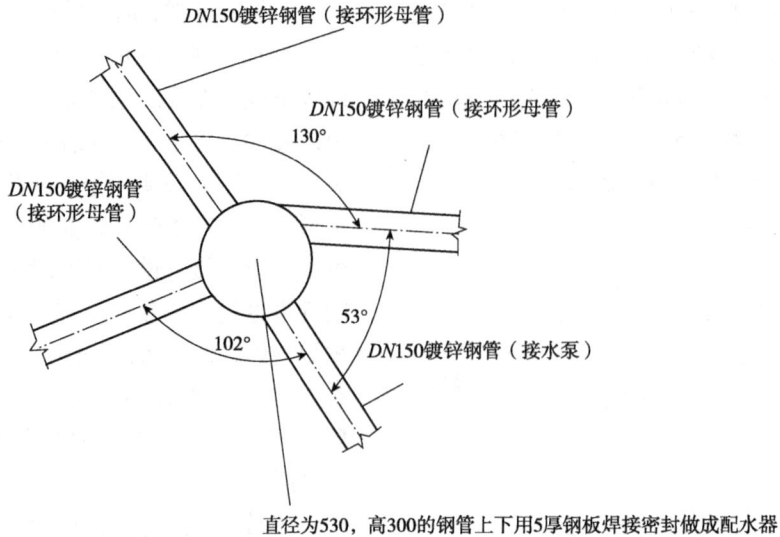

图3-15 配水器（稳压罐）配水管网（依《风景园林师设计手册》改绘）

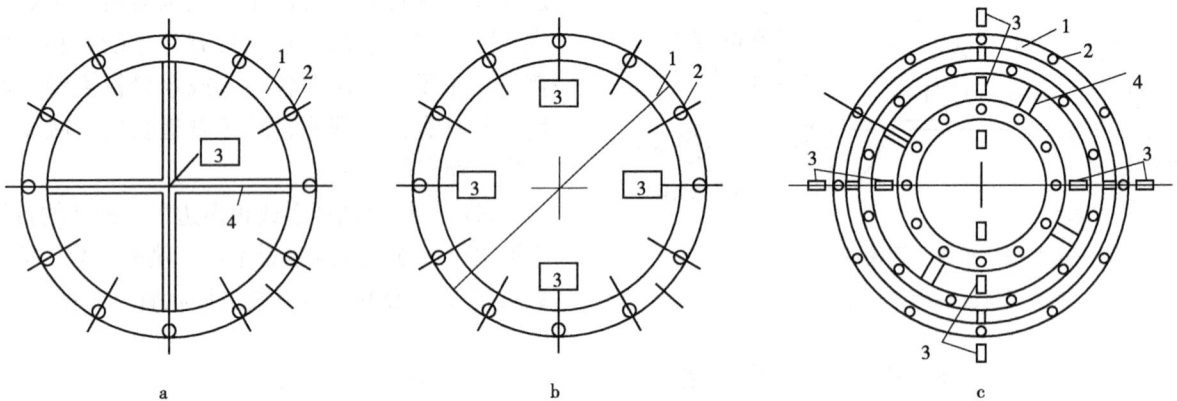

图3-16 环状供水管网（依《风景园林师设计手册》改绘）

a.单环集中供水环状管网；b.单环多点供水环状管网；c.多点供水典型多环环状管网

1.环状输水管；2.喷头；3.潜水泵；4.径向输水管

单环多点供水环状管网（图3-16b）和多点供水典型多环环状管网（图3-16c）。工作压力相等的喷头或水景水形，应采用同一个圆环。集中供水水泵一般安装在环的中心处，再用径向输水管向环供水。径向输水管必须对称，使供水均匀，环内水流顺畅，水头损失小。如果环径较大，喷头多，流量大，可以单环多点供水环状管网（图3-16b）。根据水景水形的需要，可以制作成环环相扣或重叠、梅花瓣形（图3-16c），各环具有独立的供水系统，相互之间可以安装联络管，联络管上安装常闭阀门，必要时可打开阀门应急。

根据实际水形设计，也可以将树枝状供水管网、配水器（稳压罐）配水管网及环状管网组合成混合式管网，管网可以有一个或多个集中供水点，以便维持管网内压力恒定。

3.3.4.2 喷泉系统水力计算

喷泉系统水力计算的任务是根据喷泉设计的水型，在布置好供水管道和增压设备的基础上，通过水力计算确定系统设计流量、管道管径、系统工作压力，进而确定各工作单元增压设备的流量、扬程和型号。系统设计流量需要满足在工作过程中同时喷放的喷头所需的流量,不同单元的水泵增压系统应分别计算。

(1)树枝状管网

树枝状管网在喷泉水形确定后,即可根据水池几何形状、喷头组合进行管网定线,确定节点,从最不利点开始,划分管段并编号。

①系统设计流量　首先根据每个喷头的安装标高和实际喷射要求高度确定最不利计算管路,然后从最不利点喷头位置开始进行管网水力计算,逐一确定每个计算管段的设计流量和相应的水头损失,最终确定连接增压泵的干管的设计流量作为系统设计流量。计算管段的流量由设计喷头的流量决定。喷头喷水过程是孔口出流,流量和压力由喷水所要求的水形决定,因此应先确定单个喷头的流量和工作压力要求。各种型号、规格喷头的工作压力与喷水流量、喷水高度和射程等之间的关系,均由试验获得,或可参照专业公司提供的资料选用。一个喷泉系统中可能设计有多种不同型号的喷头,计算管段上喷头的总流量按喷头流量累加确定。为安全起见,选择水泵时流量按理论设计流量的 1.10~1.15 倍计算。

②管道管径　在管网设计流量确定后,通过流量和流速的关系确定管径。流速综合考虑经济和技术因素选择,一般钢管、不锈钢管设计流速在 1.5~3m/s,塑料管设计流速在 1.0~2.0 m/s。

实际工程中对于同一组喷头供水要求喷水高度相近,且喷头前不设调节装置的多口出流配水管,为方便安装,干管计算管段管径不变,这是一种多口出流水力计算,流速控制比普通枝状管网特殊。假设每个出水口(喷头)的间距和流量相等,干管供水流量全部从沿途出水口(喷头)流出。若为双向供水,两侧供水流量相等,其干管设计流速应根据同一干管上,相距最远两个喷头间的管段长度和最大允许喷水高度差计算确定。先算出设计 $1000i$ 值,再从管道水力计算表中查出符合该条件的管径和流速。设计 $1000i$ 值按式(3-51)计算:

$$1000i = \frac{1000\alpha}{\dfrac{1}{m+1}+\dfrac{1}{2N}+\dfrac{\sqrt{m-1}}{6N^2}}\frac{\Delta h}{L} = K\frac{\Delta h}{L}$$

(3-51)

式中　i——管道的水力坡降;

　　　Δh——允许最大喷水高度差(m);

　　　L——相距最远的两喷头间的管段长度(m);

　　　m——流量指数,钢管为 2,塑料管为 1.77;

　　　N——计算管段的喷头个数;

　　　K——综合系数,实际工程中也可将系数综合计算成综合系数 K,做成表格查询。

③系统所需要的水压　古代的喷泉系统的水压一般利用自然高差形成,现代化的喷泉系统为了满足喷泉形式的多样性均采用水泵加压,水泵的扬程 H 为:

$$H=H_1+H_2+H_3+H_4 \tag{3-52}$$

式中　H_1——最不利点喷头距离水泵吸水管之间的高程差(m);

　　　H_2——最不利点喷头所需要的工作压力,由喷头类型和喷高确定(mH$_2$O);

　　　H_3——沿程水头损失,根据管径、管材、流速确定(m);

　　　H_4——局部水头损失,根据管路局部阻力确定,可按 10%~15% 的沿程水头损失估算(m)。

(2)环状管网

人造喷泉水景的环状管网为求得水景水形的整齐恒定、水头损失小,便于音控或程控,便于制作与安装,环数不多,各节点的流量决定于喷嘴形状与数量,水力计算在枝状管网计算的基础上调整。单环集中供水和单环多点供水的设计总流量均与环上径向输水管段数有关。

①系统设计流量　圆环是封闭循环的管路,流量在环内不断循环补给,环内的压力与流量是均匀稳定的,因此系统设计流量即为圆环内的流量,满足所有工作喷头设计流量。

$$q = \sum q_{zp} \tag{3-53}$$

$$q_j = \frac{\sum q_{zp}}{n} \qquad (3\text{-}54)$$

式中　q——系统设计总流量（m^3/s）；

　　　q_j——径向输水管流量（m^3/s）；

　　　$\sum q_{zp}$——环状管网所服务的全部喷嘴流量的总和；

　　　n——径向输水管段数，即圆环弧长的分段数，如图 3-16a 中 $n=4$。

②管道管径　径向输水管和环状管管径均以经济流速为限制确定，流速要求与树枝状管网计算相同。

③系统所需要的水压　系统所需的水压与树枝状管网计算相同。管道系统水头损失由沿程水头损失和局部水头损失组成，与枝状管网相同。其中，沿程水头损失公式中的管段长度 L 为：

$$L = \frac{\pi D}{n} + L_0 \qquad (3\text{-}55)$$

式中　D——圆环的直径（m）；

　　　L_0——径向输水管长度（m）。

初次充水量是喷泉水池容积的设计依据。根据前述 3.3.2 节关于水池的介绍，喷泉喷水是一个连续动态过程，水池最初储存的水量必须满足某一时刻喷水水柱喷放、地面流动及配水管内流动等空间内的水量，即：

$$V = (t_1 + t_2 + t_3) Q \qquad (3\text{-}56)$$

式中　V——初次充水水量（m^3）；

　　　t_1——喷水水柱空中时间（s）；

　　　t_2——地面阻流时间（s）；

　　　t_3——水在配水管道内运行的时间（s）。

水在一定压力的作用下从喷口喷出后，实现不同的水姿和喷高，然后以自由落体形式落到地面。水柱的空中时间 t_1 包括上喷和下落的时间，忽略空气阻力的影响，上喷和下落时间一致，由喷高决定，上喷时间 t_0 计算公式为：

$$H_0 = v_0 t_0 + \frac{1}{2} g t_0^2 \qquad (3\text{-}57)$$

$$v = g t_0 \qquad (3\text{-}58)$$

式中　H_0——喷头喷射高度，按喷头参数确定；

　　　v_0——水柱下落初始速度，其值为 0m/s；

　　　v——水柱下落到地面时速度（m/s）。

$$t_1 = 2t_0 = 2\sqrt{\frac{2H_0}{g}} \qquad (3\text{-}59)$$

普通水喷泉水从喷头喷出后直接落入水池，地面阻流时间 t_2 为 0；旱泉喷头设在地面以下，水落到地面后通过地表径流的形式流入地面的集水口后进入水池，因此，旱泉或者与旱泉工作方式相似的其他类型的喷泉，要结合实际地面的材质、坡度和喷水距离集水口的距离的远近，确定地面阻流时间 t_2。

循环供水系统中，单设离心泵或潜水泵从水池内吸水后输送到管道、喷头实现喷放。潜水泵直接设在水池，配水管只包括水池内的喷头的配水管；离心泵设在喷泉水池外附近的设备房，配水管路不仅包括水池内连接喷头的配水管，还包括水泵从水池内吸水的吸水管，因此，要根据实际设计中配水管道的长度，确定水在配水管道内运行的时间 t_3，进而确定此段时间内对应的连续流量。初步设计时，连续流量在水流回流路程较远时以不小于 10min 的最大循环流量确定，在水流直接回落到水池内时以不小于 5min 的最大循环流量确定。

人工水景喷泉水池进水管管径设置根据注水充满时间要求确定。充满时间应根据水池体量、使用性质、供水条件或水源条件等因素确定，当水文资料不足时，容积 ≤ 500m^3 的小体量人工水景喷泉水池注水充满时间不宜超过 12h，最长不应超过 24h；容积 > 500m^3 的大体量人工水景喷泉水池不宜超过 24h，最长不应超过 48h。如采用雨水等再生水可适当放宽要求。

当天然或人工河道类重力连续流动水体形成的水景，其水源符合国家标准《地表水环境质量标准》（GB 3838—2022）Ⅳ、Ⅴ类时，不需补水。其他独立水源的喷泉，需要设计补水量弥补运行过程中的水量损失，补水量应按式（3-60）计算：

$$Q_补 = Q_1 + Q_2 + Q_3 + Q_4 + Q_5 + Q_6 \qquad (3\text{-}60)$$

式中　$Q_补$——补水量（m³/d）；

　　　Q_1——蒸发量（m³/d），结合对应水面温度的空气饱和水气压和水面上 200cm 处的空气水气压及风速确定；

　　　Q_2——风吹损失量（m³/d）；

　　　Q_3——渗漏量（m³/d）；

　　　Q_4——水池排污损失（m³/d）；

　　　Q_5——水处理设备反冲洗损失（m³/d）；

　　　Q_6——未预见损失水量（m³/d）。

损失总量应根据计算和工程调查确定，一般室内工程可按最大水造景循环流量的 1%~3% 估算，室外工程可按最大水造景循环流量的 3%~5% 估算（水造景循环流量较小、喷水高度较高、水滴较小、风速较大、气温较高、湿度较小、水池防水等级较低、无水处理系统时取上限值）。若绿化和浇洒道路也采用水景喷泉水池的水，补水量还应包括其实际用水量。

喷泉工程的补水，应按规定的水源种类选用。当只有自来水水源时，在采用自来水的同时，应采取防回流污染水源的措施。根据节水政策，住宅小区人工景观水体的补水严禁使用自来水，因此，在喷泉设计之前要详细了解当地的水源状况和节水政策，避免后期在使用过程中因无法维护而难以实现景观效果。喷泉补水管和城市给水管连接时，在管上设浮球阀或液位继电器，随时补充池内损失的水量，以保持水位稳定。

3.4　动水景观施工

3.4.1　人工溪流和瀑布

人工溪流的施工与人工湖的施工相近，在设计完成时，首先在基址上放线，之后开挖溪床，然后对小溪底部进行防渗处理，再按设计图点缀小桥、卵石等。

施工前现场场地考察，熟悉掌握设计图纸，依据图纸用石灰、黄沙、绳子或喷漆等在地面上勾画出小溪的大体轮廓，同时确定小溪循环用水的出水口和承水池之间的管线走向。溪流蜿蜒曲折，时宽时窄，所以为保证精度放线时可以采用方格网法，应加密打桩量，特别是在转弯点，各桩要标注清楚相应的设计高程，变坡点（即设计跌水之处）要做特殊标记。小溪要按设计要求开挖，一般选择人工挖掘成"U"形槽。因小溪多数较浅，表层土壤较肥沃，要注意将表土堆放好，作为溪涧种植用土。溪道要求有足够的宽度和深度，以便放置散点石。溪流在落入下一段之前至少都应增加 0.1m 的水深，故挖溪道时每一段最前面的深度都要大，以确保小溪的自然。溪道挖好后，必须将溪底基土夯实，溪壁拍实。如果溪底用混凝土结构，先在溪底铺 0.10~0.15m 厚碎石层作为垫层。溪流的出水口及管线应加以隐藏，对于提前预埋的管线应注意质量的严格检查，并埋藏于相应的位置和恰当的深度。后期安装的管线和设备要遵循相关施工规程，管线安装后要进行密封，并注意在进行防水施工时不能有遗漏。

人工溪流溪底必须设置防水层防止水量渗漏。和人工湖、人工水池类似，防水层有刚性的混凝土结构和柔性防水材料两种形式。混凝土结构是在碎石垫层上铺上沙（中沙或细沙），垫层 0.025~0.05m，盖上防水材料（EPDM、油毡卷材等），然后现浇混凝土（水泥标号、配比参阅水池施工），厚度 0.10~0.15m（北方地区可适当加厚），其上铺水泥砂浆约 0.03m，然后再铺素水泥浆 0.02m，按设计放入卵石即可。如果小溪较小且水浅，溪基土质良好，可直接在夯实的溪道上铺一层 0.025~0.05m 厚的沙，再铺防水卷材。防水卷材纵向的搭接长度不得小于 0.3cm，留于溪岸的宽度不得小于 0.20m，并用砖、石等重物压紧，并用水泥砂浆把石块直接粘在防水卷材上。

溪水驳岸可以使用大卵石、砾石、瓷砖、石料等铺砌处理或者松木桩。若小溪水浅且面宽，也可以将小溪做成开敞式，可将溪岸做成草坪驳岸，且坡度尽量平缓。临水处用卵石封边，以起到驳岸的作用。施工时保证溪底与溪壁的防水层有一定的搭接。为使溪流更自然有趣，可将少量鹅卵石放在溪床上，以便水面产生轻柔的涟漪。最后点缀少量景石，配以水生植物，饰以小桥、汀步等，营造优美的溪流景观。人工溪流通水前应将溪道全面清洁并检查管路的安装情况，而后打开水源，注意观察水流及岸壁有无渗水现象发生，设备运转是否正常，如达到设计要求，说明溪道施工合格。

人工瀑布从落水堰口溢出后，顺着瀑布底衬直流而下，因此瀑布施工的重点是蓄水池、瀑身底衬（含溢流堰）及承水潭。瀑布施工首先完成承水潭和蓄水池的土建施工，具体内容包括碎石垫层、钢筋混凝土底板、钢筋混凝土墙体、防水层（用防水水泥砂浆抹面或橡胶防水垫层），然后砌筑花岗石块或花岗石片石。蓄水池中的溢流堰必须严格保持水平，否则会影响瀑身水形的完整性与均匀性。瀑布底衬的材料可用混凝土、花岗岩、玻璃幕墙或石块堆砌而成，根据瀑布的设计形态确定。底衬施工时注意不得漏水，不得空腔、砌块之间存在缝隙，贴面材料与土建底板墙面之间必须用灰浆填实，否则会影响瀑身水形，还可能在冬季结冰时因空腔积水结冰膨胀而破坏底衬。瀑身底衬施工时，要同步安装水泵、管道、循环水处理设备以及彩灯或其预埋件。

3.4.2　人工喷泉

3.4.2.1　管材、阀门及附件

喷泉系统的管材应根据环境与水景水体的水质确定，宜选用热镀锌钢管、不锈钢管、铜管、塑料管等。室外喷泉埋地管可以用塑料管或热镀锌钢管，易受阳光照射的和经常浸泡在水中的管道宜采用铜管或不锈钢管。高压人工造雾的喷头、管材和配件宜选用不锈钢、铜、尼龙等材料。高喷和超高喷喷泉的配管还要应经强度计算再确定材料、壁厚和结构形式，应按相应压力容器要求进行密封和强度试验。在小型喷泉中，可直接将管道埋在土中，当大型喷泉中管道多且复杂时，应将主要管道敷设在能通行人的渠道中，在喷泉的底座下设检查井，非主要管道可直接敷设在结构中，或置于水池内。所有穿池壁和池底的补水管和溢水管管道均应设置水环或防水套管。喷泉水池内的管道一般不需进行水压试验，但阀门、

水池以外较长的管段，应按《建筑给水排水及采暖工程施工质量验收规范》（GB 50242—2002）要求，进行水压试验。

冰冻地区水景喷景工程应因地制宜设计防冻措施。在寒冷地区，为防止冬季冻害，所有管道均应有一定坡度，一般宜为0.2%~0.5%，以便冬季将管内的水全部排出。河湖上的水景喷泉工程，水面以上管道可采用放空措施。在冰层较薄地区，冰冻层内的管道、喷头可采用电伴热措施；在冰层较厚地区，应避免在冰冻层内设置喷头、阀门、水泵等。

喷泉管道系统中的阀门主要有控制水流启闭和调节压力两种。其中，调压阀门一般不应安装在竖管上，以保证水流平顺地进入喷头，减少测压的误差；喷头进水口前的竖管上设置压力表检测实际压力，压力表的最大量测范围应是待测压力的两倍，使待测压力在压力表量程的1/3~1/2范围内。设计水晶水柱或光亮泉或喷头前的直线管段（简称喷管）的长度小于公称管径的10倍时，其喷头接口前要加整流装置，此时的喷头进口水流流态宜为层流。一般整流器只能削弱横向涡流，减少水流阻力，并不能使不均匀纵向水流得到改善，所以整流器前与形成纵向涡流的配件（弯头、阀门等）的距离应大于喷管管径的2倍，一般采用喷管管径的3~4倍。整流器后面应为等径或收缩管段，其长度应不小于喷管管径。

3.4.2.2　水泵及泵房

压力需求不同的喷泉造景单元的给水系统，水泵宜分开设置。喷泉给水系统可不设置备用泵。水泵进水管的流速不宜超过2.0m/s，出水管的流速不宜超过3.0m/s。采用潜水泵循环供水的不设置泵房。潜水泵水平安装时，水泵出水口不允许低于水泵底部，水泵吸水口至水面的淹没深度不少于0.5m，同时应采取防触电等安全措施。

在允许游人涉水的区域，考虑到景观和安全，为保护水泵、方便管理，应在池外设置专用泵房，水泵宜采用离心泵，吸水方式宜采用自灌式或自吸式。泵房可以建在地面之上，也可建在地面之

下，同地下室建筑类似，多为砖混结构或钢筋混凝土结构，需做防水处理，避免地下水侵入。半地下式泵房主体建在地上与地下之间，兼具地上式和地下式二者的特点。建（构）筑物的位置朝向、体量、空间环境等，应与喷泉的景观风格协调一致。建（构）筑物的主体结构或结构构件，应能承受喷泉工程系统的荷载，并具有稳定性。因水泵等设备运行时产生的振动，不应影响激光等精密光源的运行。喷泉工程中建（构）筑物的设计除应满足其功能要求外，还应满足防火、防水、防冻、防腐、排水、隔声和人员疏散等要求，并应满足喷泉工程系统的安装、操作和维修要求。机房、配电间等建筑物的照明、通风和门窗等应符合国家现行有关标准的要求。地下机房应设置进风排风装置。所有穿池壁和池底的管道均应设置止水环或防水套管。

溪流、瀑布及喷泉等景观水体要采取安全措施以保证观赏安全，防止人员跌落，如在天然河流湖泊等景观水体两岸应设有警戒线、警示标识，水体的近岸和园桥、汀步附近 2m 范围内水深大于 0.5m 时，应设置池壁、台阶、护栏、警戒线。水池的水深大于 0.7m 时，池内岸边宜做缓冲台阶

等。旱泉、水旱泉的地面和水泉供儿童涉水部分的池底应采取防滑措施。

思考题

1. 如何营造人工溪流的给排水系统？

2. 如何确定不同水力特征的人工瀑布的水量？

3. 人工喷泉的系统组成包括哪些方面？各专业的设计任务分别是什么？

4. 喷泉管网系统有哪些类型？系统的流量、供水压力和喷头之间是什么关系？

推荐阅读书目

1. 园林动态水景 . 朱钧珍，田园 . 辽宁科学技术出版社，2004.

2. 水景设计 . 张先慧 . 江苏科学技术出版社，2013.

3. 水系景观工程图解与施工 . 陈祺等 . 化学工业出版社，2012.

4. 现代水景喷泉工程设计 . 钟振民等 . 人民交通出版社，2008.

5. 喷泉实用技术 . 李跃龙 . 云南人民出版社，2011.

第 4 章

景观水体水质保障

各种类型水景不断涌现在城市公园、大型公建及住宅小区内，蓝天白云、碧波涟漪、小桥瀑布、人造沙滩、亭台楼阁相映成趣，令人神往，而这一切离不开景观水体的水量和水质。我国水资源严重匮乏，用水形势严峻，为贯彻节水政策及避免不切实际地大量采用自来水补水的人工水景的不良行为，《民用建筑节水设计标准》（GB 50555—2010）规定："景观用水水源不得采用市政自来水和地下井水。"因此，建设区的水源条件也是水景类型及规模确定的限制性因素。

水景的水质要求主要是确保景观性和功能性。景观性包括水的透明度、色度和浊度等感官指标，功能性包括养鱼、嬉水等对水中物质要求较高的生化指标。景观水体的形式和所处地理位置的不同，受外界环境影响的不同，水景水体功能的不同，导致水质对应的问题有很大差别。不同规模的景观水体在水质变化影响因素和水质保障措施有所不同，本章将在水景水质指标基础上针对人造独立水景循环系统和河道、湖泊等大型景观水体分别阐述水质保障和修复技术。

4.1 景观水体水质

4.1.1 景观环境用水水质和水源要求

水景功能不同，对水质的要求也不同。根据国家标准《城市污水再生利用 景观环境用水水质》（GB/T 18921—2019），满足景观环境功能需要的用水，即用于营造和维持景观水体、湿地环境和各种水景构筑物的水总称为景观环境用水。以观赏为主要使用功能、人体非直接接触的景观环境用水，包括不设娱乐设施的景观河道、湖泊及其他观赏性景观用水称为观赏性景观环境用水；以娱乐为主要使用功能的、人体非全身性接触的景观用水，包括设有娱乐设施的景观河道、湖泊及其他娱乐性景观用水称为娱乐性景观环境用水；为营造城市景观而建造或恢复的湿地的环境用水称为景观湿地环境用水；景观河道类连续流动水体称为河道类水体；景观湖泊类非连续流动水体为湖泊类水体；用于人造瀑布、喷泉等水景设施的用水称为水景类用水。城市污水经适当再生工艺处理后，达到一定水质要求，满足某种使用功能要求，可以进行有益使用的水称为再生水，再生水在湖泊类水体中的平均滞留时间（缓速或非连续流动）或平均换水周期（无流动出水）为水力停留时间。

中国勘察设计协会的团体标准《景观水水质标准》（T/CECA 20005—2021）中按照水体与人的亲密程度，将景观水体分为三个类别，甲类主要适用于饮用水地表水源保护区的景观水体，乙类主要适用于除饮用水地表水源保护区以外的人体可直接接触的景观水体，丙类主要适用于人体不可直接接触的景观水体。按照受纳景观水体的不同，将补水分为三个类别，A 类为甲乙丙类景观水体的补水，B 类为乙丙类景观水体的补水，C 类为丙类景观水体的补水。对于依附于景观河道、景观湖泊、景观湿地等的观赏性景观环境用水、娱乐性景观环境用水和景观湿地环境用水，《城市污

水再生利用　景观环境用水水质》（GB/T 18921—2019）也规定它们的水源和补水应全部由再生水组成或由部分再生水、地表水组合而成。

对于各类水景水体，根据其规模大小的不同可分为小、中、大三种景观水体类型。水体水量在 100m³ 以下的为小型水景水体，包含雨旱两用的镜面水池、小型喷泉、瀑布等水景观，其在雨季和旱季会呈现不同的景观，由于需水量较小，宜根据水质情况，周期性排空放水，一般不需要做单独的水质处理循环系统；水体水量在 100~500m³ 的为中型水景水体，如城市建设中的人工喷泉、瀑布、溪流等，耗水量较大，宜设置独立的水质处理系统并循环使用；水体水量在 500m³ 以上的为大型水景水体，一般是天然或人工河道类重力连续流动的动态水景水体，当水源水质符合国家标准《地表水环境质量标准》（GB 3838—2002）Ⅲ、Ⅳ类限值时，不用再另设水质处理循环系统，否则应考虑水质保障及修复技术保证景观功能。

景观水的主要功能是休闲和娱乐，水质指标主要包括感官指标、化学指标和生物学指标。感官指标是指色度、嗅、悬浮物、透明度、浊度等给观赏者直接视觉感知的指标。化学指标包括表征藻类数量和富营养化程度的叶绿素指标、表征消毒效果的余氯指标及其他污染物质指标。生物指标主要是为避免病原菌对人体健康产生影响规定的，主要是用作细菌、病毒、原生动物等的指示菌的粪大肠杆菌数量。

（1）地表水作为景观环境用水

城市区域内在自然河流基础上新建或改建的河道、湖泊及其沿岸滨水景观等的水体本身属于地表水，此部分地表水应满足相关的景观环境用水的水质要求。我国《地表水环境质量标准》中Ⅳ类地表水水域环境功能定义为"适用于一般工业用水区及人体非直接接触的娱乐用水区"，Ⅴ类定义为"适用于农业用水区及一般景观要求水域"。对应上述常用术语，部分来源于地表水的观赏性景观环境用水，其水质应满足《地表水环境质量标准》中规定的Ⅳ类标准，而部分来源于地表水的娱乐性景观环境用水，其水质要求需高于

《地表水环境质量标准》中规定的Ⅳ类标准。《喷泉水景工程技术规程》（CJJ/T 222—2015）规定：人体非全身性接触的水景景观用水（即娱乐性的喷泉水景用水）水质应符合《地表水环境质量标准》中规定的Ⅲ类标准；人体非直接接触的水景景观用水（即观赏性的喷泉水景用水）水质应符合《地表水环境质量标准》中规定的Ⅳ类标准。地表水环境质量评价应实现的水域功能类别，选取相应类别标准，进行单因子评价，评价结果应说明水质达标和超标的情况，超标的水质应说明超标项目和超标倍数。丰水期、平水期、枯水期特征明显的水域，应分水期进行水质评价。地表水水质监测项目标准值，要求水样采集后自然沉降 30min，取上层非沉降部分按规定方法进行分析。地表水水质监测的采样布点、监测频率应符合国家地表水环境监测技术规范的要求。地表水水质项目的分析方法应采用优先规定的方法，也可采用国际标准方法体系等其他等效分析方法，但须进行适用性检验。

（2）再生水作为景观环境用水

很多观赏性景观环境用水、娱乐性景观环境用水和景观湿地环境用水全部来源于再生水。再生水厂水源宜选用生活污水，或不含重污染、有毒有害工业废水的城市污水。再生水源需达到《城市污水再生利用　景观环境用水水质》（GB/T 18921—2019）中水质要求（表 4-1），同时，其化学毒理指标应符合《城镇污水处理厂污染物排放标准》（GB 18918—2002）中水质要求。

景观环境用水采用再生水时，要对水质进行监测。再生水水质监测取样点宜设在再生水厂总出水口或再生水补水点，水体易发藻华季节宜在景观水体中加设监测点。

对于再生水、城镇污水处理厂出水，很难测定其透明度，因此，补水水质指标要求中相对于前述要求水质指标，不再考虑透明度指标。考虑到景观水体具有一定的稀释自净能力，其通过物理、化学和生物作用可在一定程度上降低水体污染物浓度，因此，补水水质指标可以略低于受纳景观水体的水质标准。完全使用再生水作为景观

表 4-1 景观环境用水的再生水水质指标

序 号	项 目	观赏性景观环境用水			娱乐性景观环境用水			景观湿地环境用水
		河道类	湖泊类	水景类	河道类	湖泊类	水景类	
1	基本要求	无漂浮物，无令人不愉快的嗅和味						
2	pH（无量纲）	6.0~9.0						
3	五日生化需氧量（BOD$_5$）（mg/L）	≤10	≤6	≤10	≤10	≤6		≤10
4	浊度（NTU）	≤10	≤6	≤10	≤10	≤5		≤10
5	总磷（以P计）（mg/L）	≤0.5	≤0.3	≤0.5	≤0.5	≤0.3		≤0.5
6	总氮（以N计）（mg/L）	≤15	≤10	≤15	≤15	≤10		≤15
7	氨氮（以N计）（mg/L）	≤5	≤3	≤5	≤5	≤3		≤5
8	粪大肠菌群（个/L）	≤1000			≤1000		≤3	≤1000
9	余氯（mg/L）	—					0.05~0.1	—
10	色度/度	≤20						

注：未采用加氯消毒方式的再生水，其补水点无余氯要求。

环境用水，水体温度高于 25℃时，景观湖泊类水体水力停留时间不宜大于 10d；水体温度不高于 25℃或再生水补水的实际总磷浓度低于表 4-1 限值时，水体水力停留时间可延长。宜设置人工曝气或水力推动等装置增强水体扰动与流动能力，或大型水面因风力等自然作用具有较强流动和交换能力时，可结合运行过程监测，延长景观湖泊类水体的水力停留时间。使用再生水的景观水体和景观湿地中宜培育适宜的水生植物并定期收获处置。以再生水作为景观湿地环境用水，应考虑盐度及其累积作用对植物生长的潜在影响，选择耐盐植物或采取控盐降碱措施。在再生水利用过程中，应注意景观水体的底泥淤积和水质变化情况，并定期进行底泥清淤。

4.1.2 景观水体水质常见问题

4.1.2.1 人造小型独立水景水质常见问题

小型独立水景的设计工作通常由风景园林专业人员完成，而水质治理和维护问题则是由环境保护专业人员解决，若专业之间的衔接沟通不畅，往往造成景观水体仅仅在运行初期实现特定的景观效果，长期运行过程中由于空气尘埃沉降、戏水类水景参与者干扰、树叶凋零添加等因素而导致水中杂质含量增大，超过水体的自净能力从而导致水体变黑变臭。水景水池水质变差的另一个重要影响因素是降水。近年来受酸雨、温室效应等影响，降落到景观水池中的雨水含有酸性物质、氮、磷等污染物，引起池内水体富营养化，藻类过量繁殖的现象。

人工独立建造的静水景观水体中溶解氧含量低于溪流、瀑布、喷泉等动水景观，因此，静水景观的水质恶化速率往往比动水景观快。即使是自净能力较强的定期开放的喷泉或瀑布系统，有时也会因空气中尘埃的进入而发生一定程度的水质恶化，不仅影响景观效果、感观效果，水中悬浮物质浓度增大还会影响喷嘴、水泵等设备的正常使用。某些娱乐性景观水体中微生物的繁殖还会导致公众卫生问题。这使人造水景实际效果与最初的水景设计理念偏离，甚至会成为城市风景中的"毒瘤"。如果通过换水来维持水景的水质，实现景观效果，又会产生巨大的耗水量，加重维护单位的经费负担。种种原因导致很多水景只能停止运行，成为"旱景"。因此，水景工程从设计之初就应该考虑长期运行过程中的水质保障问题，尽可能提升水体自净能力，并减少维护工作量，实现景观效果。

4.1.2.2 河道、湖泊类水景常见问题

城市的河道、湖泊是自然存在的城市水景观，人工湖是模仿自然湖泊建造的，其规模通常大于人工独立小型水景，功能也相对复杂，通常承担着城市景观、防洪、灌溉、航运甚至饮用水源的功能。景观功能作为一种非主要性功能，在"绿水青山"城市建设过程中日益受到重视。自然水体受污染后都具有一定的自净能力，自净的机制包括物理净化、化学净化和生物净化。物理净化即通过污染物的稀释、扩散、沉淀等作用降低其浓度；化学净化即通过污染物的氧化、还原、吸附、凝聚等作用降低其浓度；生物净化主要通过生物吸收或降解污染物的作用降低其浓度，特别是水中异养微生物在有机物质的氧化分解中起着主要作用。三者之中，生物净化在水体自净过程中占主导作用。生物净化的效果与水生生物的多样性有关，其中水体水质尤其是溶解氧含量是影响水生生物种类、数量和活性的重要因素，也是关乎水体自净能力的关键因素。河道、湖泊类水景由于水体容量大，河道内的水体有一定的流动性，其水体自净能力较小型独立水景水体强。但是，在城市发展过程中，河道、湖泊类水景水质也经常出现变差的情况，景观效果大打折扣，主要原因有以下几点。

（1）水体组构不合理，自净能力有限

早期园林水景由于设计、施工及维护过程中专业不同，设计单位在设计时一般只考虑景观手法和艺术表现，没有考虑水质治理问题。例如，将人工湖按照封闭系统设计，水体生态环境单一，景观水体内部组构不合理，局部有死水，水体自净能力十分有限，抗污染负荷能力差，水景水质极易变差。

（2）外源污染输入

城市景观河道、湖泊处于闹市之中，不免接收到城市排放的生活污水、生活垃圾和建筑垃圾

渗滤液、建筑施工尘土等外源污染物的大量输入，引起水体水质恶化，加速水体富营养化，影响水景景观效果。除了生活污水，地表降雨径流尤其是初期雨水的流入也是引起水景水体污染的重要原因。雨水携带空气尘埃降落到地面，继而冲刷地面杂质，径流流入河道、湖泊，导致水体污染物累积，水体感官性能差。

（3）内源污染释放

城市河道、湖泊在近年的整治中逐渐截断了外源污染的输入，但由于早期外源污染输入导致河床、湖底底泥累积了大量污染物质。当底泥受到水体扰动、环境条件变化时，底泥污染物质可能再次释放进入上层水体。这也是在外源污染输入得到控制的条件下，河道、湖泊水景水质效果仍然难以保证的重要原因之一。

（4）水岸带破坏，水生态的生命功能丧失

在快速城市化进程的背景下，土地的需求不断加大，人们经常通过围湖造田来增加土地利用面积，通过加高培厚堤防来抵御洪水，通过建造混凝土河床、硬化河岸以充分利用滨河空间，通过疏浚河床底泥以拓宽河道，提升河道防洪能力。这些工程使人们的生产生活更便利，但极大地破坏了河道、湖泊等的天然水岸带，进而导致水生生物多样性减少、地下水和地表水的交换受阻，大大削弱了河流生态的自然修复功能。

大量的外源有机污染物进入城市河道或湖泊，微生物对有机污染物分解作用消耗了水体中大量溶解氧，水体缺氧或厌氧状态导致水体和底泥中铁、锰、硫等离子的还原释放，继而形成硫化亚铁、硫化锰等黑色沉淀，同时，有机物的腐败分解产生氨、硫化氢、硫醇、硫醚、有机胺等恶臭物质，从而形成了城市水体发黑发臭的现象，这类水体称为城市黑臭水体。城市黑臭水体形成的根本原因是水体污染物负荷量超过了水体本身的自净能力。城市黑臭水体是百姓反映强烈的水环境问题，不仅损害城市人居环境，也严重影响城市形象。根据2015年8月住房和城乡建设部与环境保护部发布的《城市黑臭水体整治工作指南》，城镇黑臭水体可以分为轻度黑臭和重度黑臭，分级

评价指标包括透明度、溶解氧、氧化还原电位和氨氮，将透明度25~10cm、溶解氧0.2~2.0mg/L、氧化还原电位 –200~50mV、氨氮 8.0~15mg/L 的水体定义为轻度恶臭水体，水质指标低于此指标的为重度恶臭水体。国务院颁布实施的《水污染防治行动计划》（"水十条"）明确：到2030年，全国城市建成区黑臭水体总体得到消除，还城市碧水蓝天。

4.2 人工水景用水水质保障

人工独立水景通常是一个基本封闭的系统，几乎无自净能力。依据《民用建筑节水设计标准》，人造水景的湖、水湾、瀑布及喷泉等景观用水水源和补水不得采用市政自来水和地下井水。因此，水资源较为缺乏地区的水景应充分结合场地条件进行设计，即在满足规划设计要求的基础上，结合场地内原有水体进行设计，同时做好场地内水量平衡，最好能结合雨水收集、利用、调蓄设施进行设计，如将水景水池作为雨水收集调蓄水池，利用水体水位高差变化调蓄雨水。其他区域的水景也应做到循环利用水资源，应对人工水景采取过滤、循环、净化、充氧等技术措施，保证水体的清洁及美观效果。

4.2.1 水景水处理循环系统

水景水质处理循环系统是将在池中使用过的池水按规定的流量和流速从池内抽出，经过滤、消毒等水质处理措施，再送回水池重复使用。池水循环目的是保证池水的水质卫生、配水均匀，使池水能定期全部交换更新，且不出现短流、涡流和死水域，防止局部水质恶化。水景循环用水系统具有耗水量少、易保持卫生的特点，但投资略大，维护成本较高。水量水处理循环系统主要由循环水泵、水池回水管路、水质净化工艺和净化水配水管路组成。

4.2.1.1 循环水泵

循环水泵的作用是将景观水池中的池水抽吸出来，压送到水质净化装置，净化处理后再送回到景观水池。水景循环水泵宜采用潜水泵，并应直接设置于水池底。娱乐性水景的供人涉水区域，应在景观水池之外设置离心泵，一般设置在池水净化设备机房内，宜靠近水景水池的吸水口，并采取可靠的安全措施。为保证供排水的安全性，水泵应设计为自灌式或自吸式，水泵吸水管上应设检修阀门。为防止水景水池夹带的固体、树叶、纤维等进入循环泵，在水景水池的出水口应设置格栅。水泵吸水管流速 1.0~1.5m/s，出水管流速 1.5~2.5m/s。循环水泵的流量和扬程应根据水景设计循环水量、池内水体液位差和管道系统的水头损失等计算确定。水景用水不是必需的，一般不设置水泵。

4.2.1.2 循环周期

循环周期是将池水全部净化一次需要的时间，设置循环周期的目的是限定池水中污浊物的最大允许浓度。循环周期根据景观水池的使用性质、池水水量、池水水质、水净化设备运行时间和除污效率等因素确定。《喷泉水景工程技术规程》要求，不同水量及不同水质的水处理系统采用不同的循环周期。一般采用地表水为水源的水量在100~500m³ 的水体，循环周期为1~2d，采用再生水的则缩小到0.5~1.5d；规模大于500m³ 且有机械动力提升的水体，采用地表水为水源的循环周期为4~7d，采用再生水的则缩小到2.5~5d；规模大于500m³、无机械动力提升的水体，采用地表水为水源的循环周期为3~5d，采用再生水的则缩小到2~4d；瀑布、溪流等人造水景还需根据系统总水量参照喷泉水景确定设计循环周期。

4.2.1.3 循环流量

循环流量是计算过滤、消毒设备的重要数据，根据已确定的循环周期和池水容积。

$$q = \frac{\alpha V}{T} \qquad (4-1)$$

式中　q——景观水池的循环流量（m³/h）；

　　　α——管道和过滤设备水容积附加系数，一般为 1.1~1.2；

V——景观水池的容积（m^3）；

T——景观水池循环周期（h）。

循环系统还要考虑补水量，补水量应根据蒸发、飘失、渗漏、排污等损失确定。初步设计时也可以通过估算确定，室内工程的补水量宜取循环流量的 1%~3%；室外工程的补水量宜取循环水流量的 3%~5%。

4.2.1.4　循环管道和阀门

循环系统管道宜采用强度高、耐腐蚀的管材，一般可以选择塑料管、铜管、不锈钢管、碳钢管、球墨铸铁管等；循环给水管流速控制在 1.5~2.5m/s，循环回水管流速控制在 0.7~1.0m/s。当多个水景水池共用一个水处理循环系统时，每个水池的回水应分别接至水处理循环系统，且应在各回水管上设调节控制阀；净化后的水应分别接至每个水池，且应在每个水池的给水管上设调节控制阀；当系统停止运行，多个水池水面高程不同时，应采取保证低位水池不溢水的措施。

4.2.2　水景水处理工艺

水景水处理工艺根据水体污染源的特点和水景水质要求经过工艺比较确定，满足工艺流程简单、水流顺畅、处理效率高、设备占地少、运行成本低、机房布置紧凑美观、操作方便的要求。人造独立水景在长期运行过程中常见的污染源有人类活动污染源（如人体毛发、生活垃圾等）、大气沉降污染源（如尘埃等）、植物落叶残渣、藻类等。结合水质要求，水质净化的重点是降低浊度和化学需氧量（COD）含量。对于娱乐式水景和水雾式水景等可能与人全身性接触的水体，水中微生物的数量也是重要的控制指标。人造独立水景水质处理循环系统的常见工艺流程如图 4-1 所示。

4.2.2.1　高速过滤器

针对水景水质污染源的特点，水景水质一般采用高速过滤器和消毒设备满足净化要求。高速过滤器的设计和游泳池池水循环处理类似，过滤器面积根据水池循环流量确定，一般 100m^2 水池面积需要 0.3~0.4m^2 的过滤器面积。目前国内常用高速过滤器的滤料有石英砂、无烟煤、聚苯乙烯塑料珠、硅藻土等，可以参照游泳池池水净化设备选用。石英砂滤料的粒径一般为 0.9~1.6mm，堆积密度 450g/L，滤层厚度 1.2~1.5m，滤速可达 25~30m/h，工作压力 <6kg/cm^2。硅藻土是一种单细胞水生生物，平均粒径约 34μm，呈多孔状。一般将硅藻土经水调制成糊糊状，涂抹在过滤器筛网载体表面，形成膜状多孔骨架的滤料，用于筛分、阻拦、吸附小的悬浮物、胶体及细菌，还能去除水中铁、锰、藻类等物质。硅藻土滤料的除菌率很高，能达到 80%~100%，脱色效果能达到 60%。因此，使用硅藻土作为高速过滤器的滤料时，可以少用或不用消毒处理，或仅在产生流感或传染病流行时投加。部分处理原水在进入过滤器之前需经过加药混凝、前消毒、pH 调节处理。浊度较高的原水可以投加混凝剂，如按 5mg/L 投加 5% 浓度的硫酸铝溶液；投加 1% 浓度的次氯酸

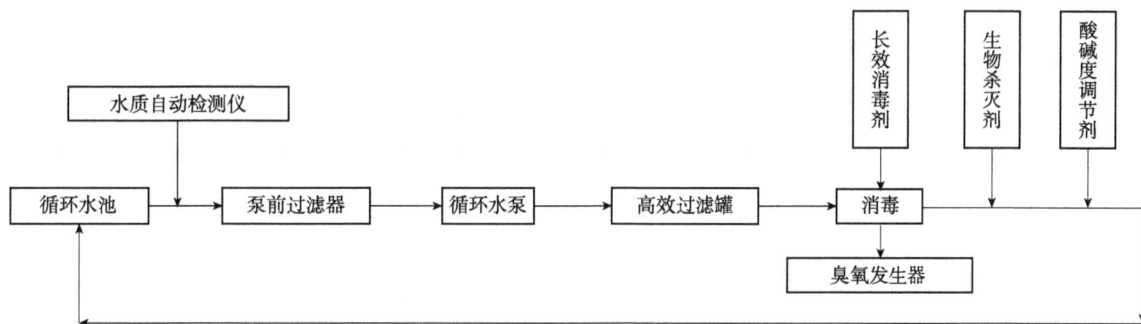

图4-1　人工水景水处理工艺流程图（曹世玮　绘）

钙或次氯酸钠前消毒；一般采用 5% 浓度的碳酸钠溶液维持原水 pH 值为 6.8~7.0。

4.2.2.2 消毒方法

水景水质的消毒方法主要是氯消毒和臭氧消毒。室外水景水质采用氯消毒比较经济；室内水景水与人的接触距离近，室内空气流通少，为了避免对人们的嗅觉刺激及对设备、管道的腐蚀，宜选择臭氧消毒。采用氯消毒时，氯消毒剂的投加量宜为 1.0~3.0mg/L（以有效氯计），宜采用负压投加，加氯设备与氯气瓶应设在两个独立房间内，加氯间应设防毒、防火和防爆等安全装置。氯消毒宜采用水质自动监测仪及自动投加装置，根据池水的余氯量，自动调整加氯量。采用臭氧消毒时，臭氧的投加量一般为 0.6~0.8mg/L。可根据投加量与循环水量相乘，从而计算臭氧发生器的容量。臭氧发生器的气源有两种，即以氧气为气源，或以空气为气源。前者产生的臭氧浓度可达 5%，即 70mg/L 以上。臭氧投加的方法有全流量投加与半流量投加两种，必须使水景水与臭氧充分混合反应，才能有效消毒。

消毒处理后的出水中的余氯量、藻类、pH 值等用水质自动监测仪监测，如余氯量低于 0.2mg/L，发现藻类或 pH<6 或 pH>9 时，会自动控制并定量投加相应的长效消毒剂（一般用氯片）、生物杀灭剂（除藻、硫酸铜溶液）或酸、碱。

4.3 自然景观水体水质保障

水域面积大、水量较大的景观河道、湖泊和湿地等水体污染因素复杂，通过设置运行水质处理循环系统来保证水体水质难以实现，存在耗水量大、周期长、机械能耗巨大、成本太高的问题。大型景观水体大部分是人体非直接接触的景观水体，对水质指标较小型独立水景低，且大型水体自净能力相比小型景观水体较强，因此《喷泉水景工程技术规程》（CJJ/T 222—2015）规定容积不大于 500m³ 的景观水体宜采用物理化学处理方法，容积大于 500m³ 的大体量湖泊、河道类景观水体

宜采用生态生化净化法。

对于大型的河道、湖泊、湿地等水景水体污染，切断污染源是根本措施。首先应结合景观设计、水体护坡要求，沿水体周围设置截流沟、渗滤沟或人工湿地等措施截流排入景观水体的各种污水管道，禁止在水体岸边倾倒、贮存各种垃圾，及时清除水面漂浮物，严格把关补水水质，合理组织地面径流，防止初期雨水直接流入水体。在控源截污的基础上，应用水体修复措施。按照处理的相对位置的不同，可将河道、湖泊等水体修复方法分为原位处理和异位处理。原位处理是指在受污染水域就地对污染物进行治理的方法。异位处理是指将受污染的底泥、土壤或水体从发生污染的位置挖掘出来，在原场址范围内或经过运输后再进行治理。按照处理的原理的不同，可将河道、湖泊等水体修复方法分为物理、化学、生物生态方法。下面将对三大类方法进行详细讲述。

4.3.1 景观水体物理修复技术

4.3.1.1 底泥疏浚

底泥是水体生态系统的重要组成部分，是水体污染物的源和汇。水体污染物通过多种途径在底泥富集，而底泥污染物在一定条件下会再次向水体释放，造成二次污染。在水体治理过程中，当外源输入被控制后，污染底泥释放成为水体主要污染源，即成为内源。为了降低底泥污染，目前较为有效的方法是底泥疏浚，即通过采用人工或机械手段适当清除含有污染物的表层底泥，以减少底泥内源污染负荷和污染风险。美国、日本、瑞典等国都进行过底泥疏浚的试验研究和工程实践。杭州西湖经两次大规模疏浚后，与富营养化相关的主要指标均有不同程度的改善，浮游动物种类增加，浮游植物生物量和蓝藻比例均有所降低。

（1）污染底泥层次划分

根据底泥中污染物的类型和含量情况的不同，大致可将污染底泥分为高氮磷污染底泥、重金属污染底泥和有毒有害有机污染底泥三大类。根据

污染程度的不同，可将底泥从垂直方向由上至下分为污染底泥层、污染过渡层和正常湖泥层。污染底泥层是底泥污染最为严重的一层，一般呈黑色有臭味的稀浆状或流塑状，是湖泊内源污染物的主要蓄积层；污染过渡层是底泥污染相对轻的一层，一般呈灰黑色且相对密实的软塑状或塑状，属于正常湖泥层到污染底泥层的渐变层；正常湖泥层是未被污染的底泥层，呈当地土质正常颜色，无异味，土质密实。

（2）疏浚形式分类

疏浚技术的选择，主要任务是清淤设备的选择，而清淤设备的选型则要根据黑臭水体的污染物粒径、组成、清淤量、周边环境、水文气象等情况综合分析后确定。

①干式清淤　是指抽干水体的黑臭水，使水体底泥裸露出来，使用水力冲挖的方式对淤泥进行清理。干式清淤具有清淤浓度高（含固率可高达 30%）、清淤速度快、清淤较为彻底的优点，但也存在破坏水体原有生态、产生二次污染的不足。在实际施工中，干式清淤一般在水域面积小、清淤量小、周边环境不允许大型机械进入的情况下采用，如城市箱涵清淤、明渠清淤、小型湖泊清淤，设备操作简单，转运方便快捷，黑臭水体治理效果明显。武汉黄孝河箱涵清淤采用的就是典型的水力冲挖方式。

②水下清淤　是指将疏浚船固定在船上某一位置，对该位置水下的淤泥进行清除，并利用管道把清理的淤泥输送到指定排放位置。对于水域开阔、水位较深的黑臭水体，断水排干难以实施，水上作业成为唯一一途径。水上作业的清淤设备可分为机械清淤设备和水力清淤设备。水下疏浚方式包括绞吸式、斗轮式、抓斗式以及泵吸式 4 种。应用频率较高的为抓斗式，其疏浚效率为 30%~40%。水下疏浚形式不考虑疏浚过程造成的底泥再悬浮对水体的污染，只适用于污染较为严重的港口、海湾和一些内陆水域。对于高氮磷污染底泥和重金属污染底泥，一般选用环保绞吸挖泥船、气力泵等设备疏浚；对于含有有毒有害有机物的污染底泥，宜选用环保抓斗挖泥船。

（3）疏浚范围的确定

疏浚范围的确定是以工程区底泥调查结果为基础，利用底泥污染物的分类标准，对底泥的污染状况进行全面评估，同时从经济可行性以及安全性的角度进一步确定环保疏浚范围。确定疏浚范围时，应重点考虑底泥污染特征、选取范围的代表性和可操作性、确保湖泊功能的实现和安全性。优先考虑重点功能区域有污染淤积严重、重要城市的供水水源地取水口、重点风景旅游区、现状和规划调水入湖区、对湖泊生态系统影响大的湖区、鱼类繁殖场、水生植物基因库区、污染淤积严重的入湖河口及有特殊需要必须疏浚的地区。

（4）影响疏浚效果的主要因素

影响环保疏浚质量的因素有疏浚时间、疏浚量、疏浚深度、疏浚方法和疏浚干扰等。在疏浚过程中，机械设备或运输工具等会造成对水体和底泥的扰动，动态水流通过减小底泥 – 水界面浓度、边界层厚度和破坏底泥 – 水界面底泥表面结构，提高底泥污染物释放速率和通量，使底泥中污染物随着底泥再悬浮而释放进入水体中，增加上覆水体中污染物浓度，造成水体二次污染。疏浚扰动越大，底泥再悬浮的浓度越大，悬浮物垂向分层明显，底泥释放营养盐、重金属等污染物越多。针对水下清淤容易引起底泥再悬浮的污染，必须采用环保疏浚，即在保护水生态环境前提下而进行的疏浚。一方面，环保疏浚效率较高，可达 90%~95%。环保疏浚对疏浚设备有较高要求，需要控制水体浑浊度，合理选择淤泥排放位置。如在高压水枪上方配备罩壳等组件，水力清淤过程中高压水枪冲刷淤泥和泥浆泵抽吸悬浮起来的淤泥同时进行，能有效地避免冲刷起来的污泥扩散至上覆水体造成污染。另一方面，装配专用环保绞刀头的环保绞吸式更受到青睐，逐步取代原有的绞吸式。面对更为复杂的清淤环境，如深水清淤、密闭空间清淤等，清淤设备正朝着大型化、自动化、标准化、专业化以及新颖多样化的方向发展。清淤设备加装传感器，将水流速度、方向、风浪、船舶位置、船舶航向与航速、船舶的纵倾与横摇等参数实时输入计算机,可实现计算机对清设备的自动控制。全球定位系统、动态定位、动态跟踪系统、疏浚轨迹显示系统的应用,使清淤设备能以极高的精度进行疏浚作业,完全沿着预定的疏浚线路施工,能有效地避免漏挖、重挖、欠挖或过挖,提高疏浚效率,适应不同的施工环境及要求。

底泥疏浚的缺点在于工程量较大,效果难以持久,可能破坏原有的底栖生物群落,挖出的污泥易造成二次污染。目前国内外学者对疏浚治理后能否长期改变水体污染状况存在争议。因此,采用此措施的关键是严格控制外源污染和规范化疏浚(孔海南 等,2015)。

4.3.1.2 水体曝气充氧

水体曝气充氧是利用自然跌水(瀑布、喷泉等)或人工曝气对水体复氧,促进上下层水体的混合,使水体保持好氧状态,抑制底泥氮、磷的释放,防止水体黑臭。水体曝气充氧可用于具有一定开阔面积的景观水面,如湖泊、河道等。美国霍姆伍德(Homewood)运河曝气结果证明,即使很小的曝气装置也能使水体的溶解氧和生物量增加,曝气后的 H_2S 浓度只是曝气前的 1/3~1/2,而且随着曝气的进行,H_2S 存在时间从超过 40d 减少到不超过 20d。水体溶解氧含量增加还可以减缓底泥释放磷的速度。曝气充氧在河道水面设置曝气装置,曝气过程中鼓起的水花或水柱实现了喷泉的景观效果,为景观增添动态景观效果。从 20 世纪五六十年代起,国外一些国家就开始将曝气充氧技术应用到河道治理工程之中。在我国,北京、重庆和上海等地的一些中小河道治理中也使用过水体曝气技术。

曝气设备的选型和充氧方式的确定是影响河道曝气效果的关键因素。要进行设备选型,首先要确定水体的需氧量,进而根据设备的充氧动力效率确定设备充氧量。需氧量主要取决于水体的类型、水体目前的水质以及河道治理的预期目标,计算方法主要有组合推流式反应器模型、箱式模型和耗氧特性曲线法。根据需曝气河

道水质改善的要求(如消除黑臭、改善水质、恢复生态环境)、河道条件(包括水深、流速、河道断面形状、周边环境等)、河段功能要求(如航运功能、景观功能等)、污染源特征(如长期污染负荷、冲击污染负荷等)的不同,河道曝气一般采用固定式充氧站和移动充氧平台两种形式。

应用曝气技术时要重视工程的环境效益、经济效益和社会效益的统一。首先,根据河道的实际特征得出需氧量,进而确定曝气设备的容量、运行方式、季节最优化组合等;其次,为实现经济性原则,可以分阶段制定水体改善的目标,然后根据每一个阶段的水质目标确定所需的曝气设备的容量,而不必一次性备足充氧能力,以免造成资金、物力、人力上的浪费;最后,曝气充氧动力能耗高,且难以实现根本的脱氮除磷,因此曝气充氧只能作为辅助治理手段。对于城市中的河道,为了配合城市景观的建设,可以充分利用水闸泄流、活水喷池等方式增氧。各种河道曝气充氧设备有以下种类:

(1)鼓风机-微孔布气管曝气系统

鼓风机-微孔布气管曝气系统由鼓风机和微孔布气管组成,氧转移速率较高。缺点是布气管安装工程量大、维修困难,对航运有一定的影响;鼓风机房占地面积大,投资大,运行噪声较大,影响周围环境质量,一般用于郊区不通航的河道。

(2)纯氧-微孔布气管曝气系统

纯氧-微孔布气管曝气系统由氧源、微孔布气管组成,不需建造专门的构筑物,占地面积小;系统无动力装置,运行费用小,运行可靠,无噪声;安装方便,不易堵塞;氧转移率高。缺点是对航运有一定的影响,一般用于不通航的河道。

(3)纯氧-混流增氧系统

纯氧-混流增氧系统由氧源、水泵、混流器和喷射器组成,氧转移率高;可安置在河床近岸处,对航运的影响较小。既可用于固定式充氧站,也可用于移动式水上充氧平台。

(4)叶轮吸气推流式曝气系统

叶轮吸气推流式曝气系统由电动机、传动轴、

进气通道、叶轮组成，安装方便、调整灵活；漂浮在水面，受水位影响小；基本不占地；维修简单方便。缺点是叶轮易被堵塞缠绕，影响航运；会在水面形成泡沫，影响水体美观。

（5）水下射流曝气设备

水下射流曝气设备由潜水泵、水射器组成，安装方便；基本不占地。缺点是维修较麻烦。

（6）叶轮式增氧机

叶轮式增氧机由叶轮、浮筒、电机组成，安装方便；基本不占地。缺点是产生噪声，外表不美观。多用于渔业水体，尤其适用于较浅的水体。

4.3.1.3 引水换水

南宋朱熹在《观书有感》中写道："半亩方塘一鉴开，天光云影共徘徊。问渠那得清如许？为有源头活水来。"流动的水能增强水体自净能力，因此当水体中的悬浮物（如泥、沙）增多时，水体的透明度下降，水质发浑，可以通过周期性引水、换水，稀释水中营养盐和有机物浓度，以此来降低杂质的浓度，防止藻类疯长，改善水质。

引水换水已经广泛运用到城市景观水体的修复中。如取水于钱塘江的西湖引配水工程每天将有经过预处理的 400 000m³、透明度达 120cm 的钱塘江水采取科学的沉淀方法处理后源源不断地流入西湖水域，确保西湖水一个月更新一次。江苏扬州的瘦西湖水系，从京杭大运河取水，输入瘦西湖及周边水系，并寻找合适的位置将各小水系连通，让整个水系都能参与到引水活水的系统中，提升水质。南京市将长江、外秦淮河、主城内河及湖体作为一个整体统一规划，利用水位变化以及地形特征，制订经济合理的引调水方案。其中玄武湖水域引水换水的方案是将引长江水经上元门自来水东、西水厂初步沉淀后，通过管道输送至玄武湖 6 个出水口，对玄武湖进行引换水。引水换水方案必须有充足的干净水源作保证，成本较高，势必要浪费宝贵的水资源，而水资源在我国相当匮乏，因此在实际工程中，要结合水体周边情况，充分联通区域内的水体，整体考虑水体流动路线。

4.3.1.4 其他物理处理技术

（1）机械除藻

机械除藻是指利用捞藻船、吸藻泵等机械设备捕捞水面上的藻类，间接去除水体氮、磷营养盐。中国科学院水生生物研究所于 2001—2002 年对滇池水华蓝藻进行机械清除，共清除蓝藻 360.83t（干重），相当于从水体中去除氮 37.33t、磷 2.71t、有机质 200.32t，水体中的重金属也被部分去除。机械除藻技术的优点是能够快速应对藻类的大面积暴发，操作简单，没有负面效应，但只是种应急补救措施，一般作为景观水体在藻类暴发季节的辅助措施。

（2）过滤技术

过滤技术是使水流通过滤料或滤膜等过滤介质，水中的藻类和颗粒物被筛分、截留。过滤工艺的关键是滤速的大小，过滤前投加混凝剂微絮凝可提高过滤效果。过滤处理虽然出水水质好，但也存在过滤阻力大、藻类黏液易使滤层板结、成本高、耗能大等缺点。

（3）吸附技术

吸附技术是指向水体中投加吸附剂或使原水流过吸附床层，将污染物和营养物质吸附去除。当前大多数应用在突发河流水体污染处置上，常用的吸附剂有活性炭纤维（ACF）、粉末性活性炭、黏土等。黏土由多种矿物质及杂质所组成，具有较大的比表面积和吸附容量，在淡水中可以絮凝沉降水华，但不能防止浅水湖泊藻类的泛起、底泥的二次污染和来年水华的复发。吸附技术只是将污染源从水中转移到吸附剂上，治标不治本，且吸附剂成本和吸附饱和后的吸附剂的处理问题制约其大规模应用，一般作为局部水体的应急处理措施。

4.3.2 景观水体化学修复技术

化学修复主要是指添加化学药剂改变水体中氧化还原电位、pH 值，利用污染物的化学反应来分离、回收污水中的有害物质，或使其转化为无害的物质。

4.3.2.1 化学沉淀法

化学沉淀法是指向水体投加铁盐或铝盐，通过吸附或絮凝作用与水体中的无机磷酸盐产生化学沉淀，降低水体磷的浓度，控制水体的富营养化。同时，铝盐能够形成氢氧化铝沉淀，在沉积物表层形成"薄层"，可阻止沉积磷的释放。改性硅藻土是由天然形成的硅藻矿石加工而成的化学材料。使用改性硅藻土处理湖水时，能直接产生吸附、脱稳絮凝、吸附架桥、化学沉淀作用，适用于开放大型水体的脱磷和除浊。

化学沉淀法具有投资少、工艺简单、操作管理方便等优点，可用于含有大量悬浮物、藻类的水体处理。但是混凝沉淀药剂投加可能存在二次污染，同时药剂的消耗量和产生污泥量较大，处理效果也有待提高。

4.3.2.2 化学杀藻法

化学杀藻法是指采用化学药剂杀灭水体中的藻类，常用的化学药剂有硫酸铜、液氯、二氧化氯、漂白粉、高锰酸钾、臭氧等。此外，近年来还陆续研发了紫外线、超声波、微波、电解、微电解、高强磁、光催化氧化、植物提取液等新兴杀藻、抑藻技术，目前均处于实验室研究或中试阶段，理论体系尚不成熟，放大效果也有待检验。

化学杀藻法的优点是杀藻速度快、彻底，能很快让水体变清，蓝藻水华消失。其缺点是：一方面，杀藻无选择性，将有害藻（蓝藻等）和有益藻（绿藻、裸藻等）一起杀灭，在抑制藻类的同时对其他水生生物也存在毒性，有时杀藻后水体因缺乏微生物而使得水质比杀藻前更加恶化；另一方面，藻类大量死亡导致光合产氧量大幅下降，并且藻类死亡分解过程中需消耗大量溶氧，所以水体容易形成缺氧环境，从而引起水生生物（如鱼虾）缺氧死亡，破坏水生态。化学杀藻法运行费用较高，维持效果时间短，一般仅限于临时应急使用。

4.3.2.3 底泥原位处理技术

底泥原位处理技术包括底泥封闭、底泥钝化。底泥封闭主要是指用塑料薄膜、颗粒材料覆盖底泥。底泥钝化是指往水体投加铝盐、石灰等钝化剂，阻隔、抑制底泥中氮、磷营养元素和重金属的释放，从而降低水体中营养盐浓度。德国的达戈湖用硝酸盐和铁复合物进行底泥处理试验，处理前磷释放量 4~6mg/（$m^2 \cdot d$），处理后几乎无释放。底泥钝化技术容易对水底的生态系统造成破坏，难以保证效果的持久性，受风浪及水流扰动影响较大，工程应用不多。

4.3.2.4 加药气浮技术

加药气浮技术是指利用高度分散的微气泡与水中悬浮颗粒黏附，使其随气泡浮升到水面，从而加以分离去除，适当加入混凝药剂可显著改善气浮效果。藻类密度较小，絮凝后絮核轻飘，且黏附气泡性能良好，因而与沉淀技术相比，气浮技术处理富营养化水体更具优势。早先的气浮工艺存在附属设备多、工艺复杂、能耗大等缺点。近年来，随着微气泡发生装置的改进、自动化程度的提高和气浮设备的集成化、成套化，气浮技术逐渐成为中、小型景观水体的主流处理技术。

4.3.2.5 消毒技术

臭氧是已知可利用的最强氧化剂之一，可使细菌、真菌等菌体的蛋白质外壳变性，杀死细菌繁殖体和芽孢病毒、真菌等，杀菌彻底。臭氧可处理污水中难以处理的化学物质，并有脱色、去异味等作用，因而广泛应用于水处理工程中。一般当水中臭氧浓度达到 0.5mg/L 并作用 5min 时可将水中细菌全部杀死。当其浓度达到 2mg/L 时，只需 1min 就能将水中的细菌等微生物杀死。

紫外线是波长比可见光线短的电磁波，在光谱上位于紫色光的外侧。其波长为 10~400nm。按波长的不同，可将其分为 A、B、C 三种波段，其中，C 波段波长在 240~260nm，为最有效的杀菌波段。现在紫外线消毒技术基于现代防疫学、光学、生物学物理学、化学的基础，设计利用高效、高强度、长寿命的紫外线发生器。当水中各种细菌、寄生虫、水藻和其他病原体受到一定剂量的紫外线照射后，其细胞中的 DNA 受到破坏将其杀灭，其杀菌率 ≥ 99%，使一切致病体灭活，达到净化的目的。

4.3.3 景观水体生物生态修复技术

4.3.3.1 生物修复技术

生物修复通常是指利用生物（主要是微生物）的特性，吸收、降解、转化环境中的污染物，使受污染的环境得到改善的治理技术。微生物是自然界的分解者，在好氧条件下，能将有机污染物彻底氧化分解成 CO_2、H_2O、SO_4^{2-}、PO_4^{3-}、NO_2^-、NO_3^- 等无机物，在厌氧条件下能将有机物降解，转化成小分子有机酸、CO_2、H_2、CH_4 等；微生物虽然不能降解重金属，但却可以降低重金属毒性，并将其累积在菌体内进行固定。例如，蓝绿色假单胞菌、变形杆菌可使汞离子转化成元素汞，经 10h 挥发掉的汞可达 75%。因此，微生物是生物修复中的主力军。常用的生物处理方法有生物接触氧化法、曝气生物滤池法、膜生物反应器、微生物菌种强化修复技术等。

（1）生物接触氧化法

生物接触氧化法是生物膜法和活性污泥法的集合体，即在景观水体中放置填料，构建生物接触区域，水体的流动保证水与填料上微生物的充分接触，水流的冲刷也能保证生物膜的更新。这种方法具有处理效率高、耐冲击负荷、无污泥膨胀、污泥产率低、管理方便等优点。但是生物接触氧化技术一方面占地面积较大，会对水流造成一定的阻力，需要在不影响水体防洪能力的前提下实施；另一方面，生物活性在低温时降低，因此冬季处理效果下降明显。生物接触氧化法在景观水体中的实施重点是微生物载体填料的选择和安装维护，填料可以选择塑料填料或木桩填料。

（2）曝气生物滤池法

曝气生物滤池法是生物接触氧化法的改进和发展，在滤池底部设置曝气管充氧曝气，集生物氧化与固液分离于一体，完成有机物降解、固体

过滤和氨氮硝化过程，是一种占地少、功能全的新型高效水处理技术。曝气生物滤池水头损失大，需定期反冲洗，对进水悬浮物浓度要求比较严格，曝气也消耗较多的电能，只能在景观水体的局部区域采用。

（3）膜生物反应器

膜生物反应器作为一种新型的废水处理装置，将生物降解过程与膜分离技术相结合，通过过滤完成固液分离。膜生物反应器处理成本高，易发生膜污染，处理河道水时需要将河水抽出进入装置，处理后再回到水体，处理水量有限，能耗大，尚难以在国内河流水体处理中推广。

（4）微生物菌种强化修复技术

微生物菌种强化修复技术也是较普遍应用于有机物含量较高的景观水体的一种方法。水体净化的核心是微生物，通过将人工选育培养出的光合细菌、硝化细菌等复合高效微生物投加到水体中并保持一定的生物浓度，能够有效去除氮、磷营养元素和有机污染物，抑制藻类生长，增加水体溶解氧，改善水质。菌种一般是粉末状的干细胞，将其投入景观河道中。为避免菌种流失，一般增加固定载体以保证菌种浓度。微生物菌种强化修复技术具有运行费用低、降解污染物效果好、操作管理简单、无二次污染等优点。工艺实施的重难点是保持微生物的可持续浓度，一方面要能抵抗水体流动造成的生物量损失，另一方面要考虑与环境中其他生物的互生竞争关系，既不能被其他生物抑制生长，又不能过度繁殖，引发生态灾难。微生物活性对温度、pH 等环境条件十分敏感，所以投加菌种前要对具体地点污染状况和环境条件进行详细调查，对菌种的筛选要尤其慎重。

4.3.3.2 生态修复技术

生态修复是指通过水、土壤、砂石、微生物、高等植物和阳光等组成的自然处理系统对污染水进行处理，适合按自然界自身规律恢复其本来面貌的修复理念，在大型景观水体处理中具有独到的优势（孔海南 等，2015）。

（1）生物操纵技术

生物操纵技术主要是指利用食物链摄取原理和生物相生相克关系，通过改变水体的生物群落结构来达到改善水质、恢复生态平衡的目的。在湖泊管理中，对于一些富营养化程度较高、水华暴发严重的湖泊，主要依靠提高大型滤食性鱼类的密度来控制藻类，如直接放养滤食性鱼类（白鲢、鳙等）直接摄食藻类，从而控制藻类的异常繁殖，改善水体轻度富营养化状况。

在生物操纵理论中应考虑庇护机制，即浮游动物赖以逃避鱼类捕食的行为机制或环境条件。可能的庇护机制包括低光照庇护、低温庇护、厌氧庇护、鱼类本身对肉食性鱼类的回避行为、大型水生植物庇护等。在实际应用中，生物操纵技术的操作难度较大，条件不易控制，生物之间的反馈机制和病毒的影响很容易使水体又回到原来的以藻类为优势种的浊水状态。

（2）水生植物为主体构建生态空间

高等水生植物与藻类同为初级生产者，是藻类在营养、光能和生长空间上的竞争者，其根系分泌的化感物质对藻细胞生长也有抑制作用。水生、湿生植物利用其综合效应，将空气中的 O_2 通过植物扩散到缺氧的底层中，形成氧化的微环境，降低水中的生化需氧量，将水体中含有高浓度的氨、亚硝酸盐、有机磷等吞食消化、分解，把有机氨分解成亚硝酸盐、硝酸盐，然后经反硝化菌转化成氨气释放到空气中，最后将水中的其他污染物分解为二氧化碳和水。能净化水体的水生植物有些也具有很好的观赏价值，如黄花菜、麦冬、凤眼莲、水葱、睡莲、浮萍、欧洲鸢尾、芦苇、伊乐藻等，它们都能使水变得透明，提高水质；满江红、空心莲子草、菰、金鱼藻等净化能力强，对高浓度N、P净化效果好；慈姑、菱角、菹草等净化能力强，对低浓度N、P净化效果好。水生植物的种植位置可以是在岸边，也可以在水面上。

①岸边种植　水质植物种植在岸边，不仅可以净化水质，更主要的作用是缓冲进入水体的水的流速，拦截较大的杂质和沉淀水中的悬浮物质。种在岸边的水生植物一般和生态驳岸结合使

用（见第2章人工湖生态驳岸）。水生植物的种植方法有植床种植和容器种植两种。

建造水池时，在适宜的水深处用砖或混凝土砌筑成种植床，铺上至少15cm厚的培养土，再将水生植物植入土中。大面积种植可以用耐水湿的建筑材料作水生植物种植床，把种植地点围起来，控制植物生长，方便水面覆盖率的设计。

在较小的水域中多采用容积种植，即将水生植物预先种在选好的容器中，再将容器沉入水中。例如，在北方冬季须把容器取出来以防严寒，在春季换土、加肥、分株时，作业也比较灵活省工。这种方法既能保持池水的清澈，也便于清理池底和换水。容器一般选择瓦缸、木箱、竹篮、柳条筐等，一年之内不致腐烂。选用时注意固定，避免在水中受风浪的影响吹翻。不同水生植物对水深要求不同，容器放置的位置也不相同。一种方法是在水中砌砖石方台，将容器放在方台的顶托上，使其安全、稳妥、可靠；另一种方法是用两根耐水的绳索捆住容器，然后将绳索固定在岸边，结合景观小品做隐蔽处理，如岸边为块石驳岸，可以压在石下。一般不选用带孔的容器，因为培养土及其肥效很容易流失到水中，甚至污染水质。

②生态浮床技术　生态浮床（图4-2）以床（岛）为载体，在其上种植水生植物，通过植物根部的吸收、吸附、化感效应和根际微生物的分解、矿化作用，削减水体中的氮磷营养盐和有机物，抑制藻类生长，净化水质。生态浮床在生态修复过程中的工作原理（图4-3），有以下几个方面。

图4-2　生态浮床

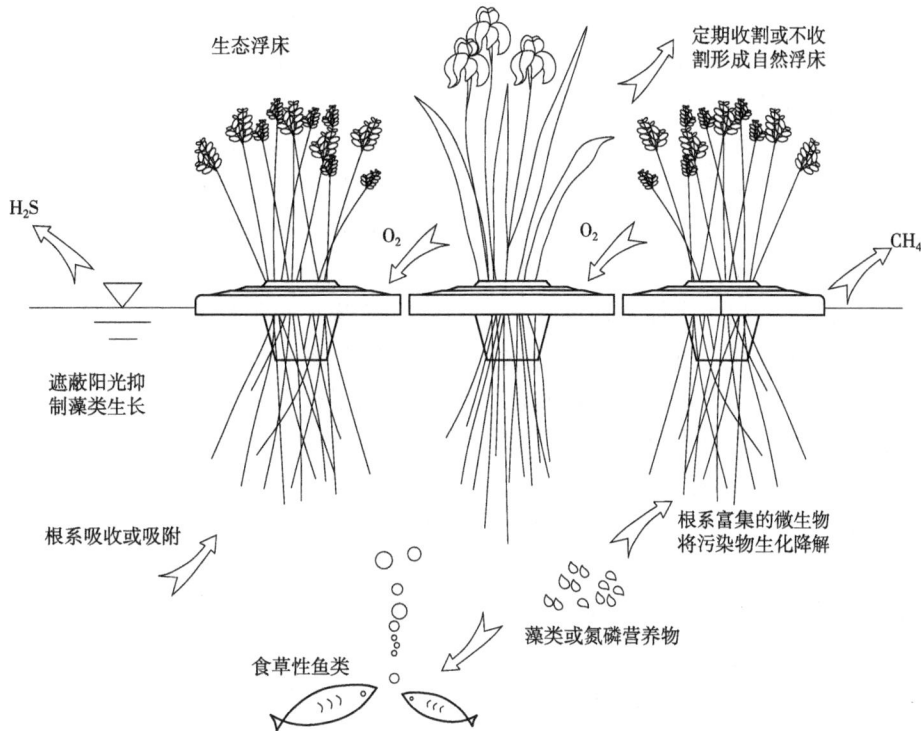

H₂S

O₂　　O₂

CH₄

生态浮床

定期收割或不收割形成自然浮床

遮蔽阳光抑制藻类生长

根系吸收或吸附

食草性鱼类

藻类或氮磷营养物

根系富集的微生物将污染物生化降解

图4-3　生态浮床工作原理（依《城市绿地生态技术》改绘）

遮光作用　浮床通过遮挡阳光抑制藻类的光合作用，减少浮游植物生长量，通过接触沉淀作用促使浮游植物沉降，有效防止水华发生，提高水体的透明度，其作用相对于前者更为明显，同时浮床上的植物可供鸟类栖息，下部植物根系形成鱼类和水生昆虫生息环境。

抑制藻类物质　高等水生植物与藻类同为初级生产者，是藻类在营养、光能和生长空间上的竞争者，其根系分泌的化感物质对藻类细胞生长也有抑制作用。

消浪　浮床漂浮在水面上能降低风浪对坡岸的拍击与冲刷强度。

吸附作用　浮床利用表面积很大的植物根系在水中形成浓密的网，能过滤吸附水体中大量的悬浮物，并形成富氧环境。

浮床上植物根系可以作为生物（膜）载体，强化生物降解作用　植物根系表面形成生物膜，而根系膜内微生物既能产生多聚糖，有效吸附水中悬浮物，也能吞噬和代谢水中的污染物，转化成为无机

物。根系间也是鱼类和鸟类生息的良好条件。

植物的根系吸收作用　植物生长也需要营养，根系从水中吸收营养物质，能削减水体中的氮、磷及有机污染物质，使其成为植物的营养物质，通过光合作用转化为植物细胞的成分，促进其生长，最后通过收割浮床植物和捕获鱼虾减少水中营养物质。

生态浮床是绿化技术与漂浮技术的结合体，由浮床框架、植物浮床、水下固定装置和水生植被四部分组成。浮床框架材料有多种形式，早期第一代湿式浮床主要以竹子、土工网搭建，效果差，寿命短，无法维护；第二代湿式浮床主要是泡沫或泡沫加金属固定件产品，造价低，制造工艺简单，但强度不足，金属泡沫容易分离，且泡沫本身属于白色污染，目前基本不再应用；第三代湿式浮床主要是塑料框架单元结构，耐腐蚀性好，塑形灵活多样，方便造型设计。浮床框架单元体的外观形状有方形、三角形、长方形、圆形等。一般边长 2~3m 的居多，四边形的居多。施工

时，各单元之间留有一定的间隔，相互间用绳索连接，防止由波浪引起的撞击破坏，可为大面积的景观构造降低造价，同时单元和单元之间会长出浮叶植物、沉水植物，丝状藻类等也生长茂盛，成为鱼类良好的产卵场所、生物的移动路径，对水质也有一定的净化作用。

生态浮床技术与其他水体修复技术相比有明显的优越性，首先，能直接利用水体水面面积实现水质净化效果，不另外占地，将景观设计与水体修复技术有机结合；其次，可选作浮床植物的种类及框架载体材料来源广，成本低，易于制作和搬运，调节灵活方便，可以根据现场的水流、水位、水质状况以及气候、季节、温度的变化，改变浮床的位置、规模和植物的类型搭配。

依据修复水体的水量、水质及流动特点，生态浮床可以侧重某一方面功能的设计，如消浪浮床，要结合水体的水力条件选择有一定强度的材料并大面积应用，可以有效地降低风浪对坡岸的拍击与冲刷强度。水质净化性浮床可以选择根系吸收污染物质强的植物来布置，提供栖息地型的浮床从植物类型和高度搭配，有遮蔽、涡流、饲料等效果，构成鱼类和鸟类生息的良好条件。提供鸟类生息环境的浮床布设规模不能太小，至少需要 1000m² 的面积；以净化水质为目的覆盖水面的，30% 的范围是很必要的；以景观为主要目的的浮床，至少应在视角 10%~20% 的范围内布设，并考虑不同季节植物的生长状况及其与周边景观的协调。

生态浮床也有一定的问题和不足，在运用的过程中要注意以下几个方面。

适用水体的特征要全面考虑　多数采用大型水生植物及水生蔬菜，难以抵抗极端的大风、大雨及大浪，因此尽量设置在水流平缓的区域；在有泄洪功能水体上设置生态浮床要进行方案论证，尤其是做好雨季的管理，避免浮床被破坏或影响水体泄洪能力。

方案不易进行标准化推广应用　不同的湖泊河流，其富营养化水平不同，水流、温度、风速、水体波动等各不相同，需要相应的浮床设计组合

和浮床植物种类搭配，很难制定一个统一的标准予以推广应用。

难以推行机械化操作　生态浮床漂浮在水面上，日常管理均在水面上完成，目前其管理操作大多采用人工完成，管理养护成本高，在小面积的试验示范中尚可，若大面积推广，需要经常、及时采收，人工操作就不能满足需要，限制其发展。

植物生长管理复杂　生态浮床上的植物大多数不能过冬，需要在翌年春天重新种植，尤其在冬季气温较低的我国北方地区，生态浮床上的植物不能成活，因此要注意秋冬季节及时收割植物或收回浮岛，避免非生长季节植物腐败对水质产生的负面影响。同时还应注意防止大型植物春夏季节的过量生长，使藻型湖泊转变为草型湖泊，这会加速湖泊淤积和沼泽化。

（3）其他生态修复技术

①人工湿地　是对天然湿地净化功能的强化，利用基质–水生植物–微生物复合生态系统进行物理、化学和生物的协同净化。人工湿地占地面积较大，在城市景观中通常结合自然水体或城市污水厂尾水处理进行应用，也可以应用于农村分散污水处理中，提升农村区域局部景观。该内容在本教材第5章中详细讨论。

②稳定塘　是一种利用天然水中存在的微生物和藻类，对废水进行好氧、厌氧生物处理的天然或人工池塘的总称。稳定塘多用于小型污水处理，可用作一级处理、二级处理，也可用作三级处理。稳定塘运行费用低，但占地面积大，处理周期长，适合附近有天然池塘可以利用的景观水体。

③生态驳岸　驳岸改造也是景观水体生态修复的重要手段之一。瑞士和德国在20世纪80年代末就提出自然型驳岸，日本在20世纪90年代初也提出多自然型河道治理技术，并在生态型驳岸结构方面进行大量实践。生态驳岸是指恢复后的自然河岸或具有自然河岸可渗透性的人工驳岸，详见本教材2.2.2。

④循环生态景观水系　该系统对由于城市建设切断的河流，在营造景观的同时，恢复水系之间的联通，模拟天然水域的自净功能，以修复

水体生态食物链来强化水体的纳污能力，以气动循环装置促使整个静态水域遁入循环状态，局部设置强化装置，满足厌氧好氧脱氮除磷治理流程的循环净化需求（图4-4），修复湖水系之间的生态连接，促进水循环，保证水体生态系统的生物交流、物质循环以及能量的流动。与传统的生化法相比，循环生态景观水系适用范围广泛，耗能更低，系统稳定，管理简单，不影响水面景观，并可长期保持水体清澈，能养殖观赏鱼等，满足人们对景观水的需求。

随着城市化的发展、生态城市建设的推广和居民环境意识的增强，水景水体的重要性日趋显著，水景水体的构造和治理必将成为继生活污水、工业污水和流域污染治理之后又一新的污水处理领域。目前针对景观水体的各种治理技术均存在各自的优势、不足和适用场景，只有根据实际情况合理选择处理工艺，将不同技术进行优化组合，取长补短，发挥各自优势，同时实行严格的外源截污措施和管理制度，才能实现对水景水体的根本治理和有效维护，为居民生活和城市发展创造良好的生态环境，城市水景才会给人带来愉悦的身心享受和长远而巨大的社会效益。

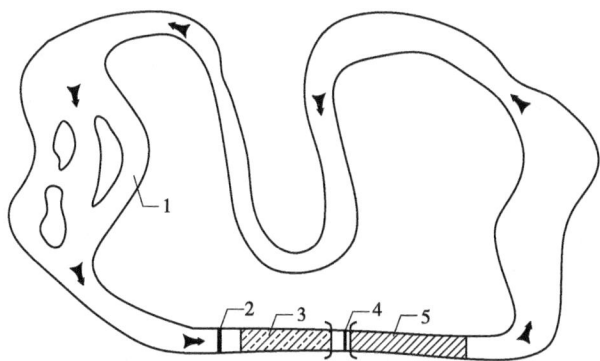

图4-4 循环生态景观水系统（依《浅析景观水体治理新技术——循环景观水系统》改绘）

1.循环景观水域 2.格栅 3.循环治理厌氧段
4.复氧提升区 5.循环治理好氧段

思考题

1. 景观环境用水的水质要求主要从哪些方面考虑？

2. 人工水景水循环系统重水处理工艺一般如何选用？

3. 自然景观水体水质保障技术从水质净化机理上主要分为哪几类？

4. 城市中景观水体水质保障的基本措施有哪些方面？

5. 景观水体生物生态修复技术中的生态浮岛设计要考虑哪些因素？

推荐阅读书目

1. 城市景观水体富营养化特性及营养物作用机制. 陈荣，吴鹍，李倩. 科学出版社，2018.

2. 城市黑臭水体治理案例集. 赵晔. 中国建筑工业出版社，2021.

3. 城市河道与黑臭水体治理. 王琳，王丽，黄绪达. 科学出版社，2019.

4. 滨水景观.《滨水景观》编委会. 中国林业出版社，2014.

第5章

水质净化型人工湿地

"湿地"一词源自英文 wetland，是包括天然或人工、长久或暂时的沼泽地、泥炭地或水域地带，包括或静止或流动，或为淡水、半咸水或咸水水体的水域，一般指低潮时水深不超过 6m 的水域（《湿地公约》，1971）。景观湿地是指以湿地为对象的景观形式，是利用现代景观建设与生态学原理对湿地生态系统的保护、重建和恢复，艺术地再现自然湿地景观，并为社会民众提供亲近、感受、体验自然的场所。

5.1 湿地景观概述

5.1.1 湿地分类

根据人类干扰程度的不同，湿地可分为自然湿地和人工湿地。自然湿地包括沼泽地、泥炭地、湖泊、河流、海滩和盐沼等。自然湿地称为地球之肾，生态系统结构的复杂性和稳定性高，不但为水生动物、水生植物提供了优良的生存场所，也为多种濒危动物特别是水禽提供了必需的栖息、迁徙和繁殖场所，同时还为许多物种保存了基因特性，使得许多野生生物能在不受干扰情况下生存繁衍，是生物重要的栖息地及生物多样性得以延续的重要环境，在大自然中占据着重要地位。自然湿地因此被称为"生物超市"和"物种基因库"。依据《拉姆萨尔湿地公约》关于湿地的定义并使用最新遥感技术，国际水资源管理研究所《全球淡水储量变化报告》中提出，全球湿地面积约为 $1.21 \times 10^9 \, \text{hm}^2$，其中 $1.12 \times 10^9 \, \text{hm}^2$ 为内陆湿地（国际水资源管理研

究所《全球淡水储量变化报告》，2024）。2022 年中国湿地面积达 5635 万 hm^2，以占全球约 4% 的湿地，满足了世界 1/5 人口对湿地生产、生活、生态和文化等需求（《湿地公约》第十四届缔约方大会综述，2022）。我国于 1992 年加入《湿地公约》，2007 年国家林业局专门成立了"湿地公约履约办公室"，负责推动湿地保护和执行工作。湿地资源是自然资源、自然资产，更是生产要素，具有稀缺性、公共性和不可替代性。我国国家湿地公园和湿地城市围绕"保护优先、合理利用，造福人类"的主旨开展湿地保护工作，即合理利用湿地资源，全面实现湿地生态价值。

人工湿地由天然湿地发展而来，为了达到环保处理效果，根据需要选择有利地形地貌，模拟天然湿地的结构与功能，建造复杂的具有渗透性能的地层生态结构，包括有浮现性、浸没式植物、动物和水体等组成部分。与传统的污水处理系统相比较，人工湿地具有节约建设成本、原理简单、易施工、绿化效果好等优点（秦明，2017）。1953 年凯茜·赛德尔最早提出人工湿地概念，到 20 世纪 60 年代人工湿地得到充实与发展，70 年代联邦德国首次建立人工湿地系统，此时这项技术引起很多发达国家的瞩目。到 90 年代后人工湿地广泛运用到发达国家的污水处理系统中。截至目前，美国、英国等发达国家已有 2 万余座人工湿地污水处理系统。人工湿地污水处理系统于 20 世纪 80 年代引入中国，与发达国家相比，中国起步晚但发展较快，目前南方及东北地区已经建造了大面积的人工湿地。按照使用用途不同，可将人工湿

地分为人工生境湿地、人工水产湿地、人工抗洪湿地和人工净化型湿地。本章主要介绍人工净化型湿地。

5.1.2 湿地景观的构成要素和作用

水体景观、生物景观和文化景观是湿地景观构成的基本要素，三者相互交融，相互影响。水体景观包括湿地水域（沼泽、池塘、瀑布、溪流、喷泉）、岸带（沙洲、滩涂、块石驳岸、草丛等）和近岸陆域（亲水栈道、园桥、汀步等）；生物景观包括湿地植物（湿生、挺水、浮水和沉水植物）、水鸟（迁徙、放飞、觅食、环志等）和昆虫（蝴蝶、蜜蜂、蜻蜓、蝉等）；文化景观包括利用湿地的生产方式（农耕、插秧、打渔等），改造湿地的历史印迹（京杭大运河、卢沟桥、都江堰）和赞美湿地的人类活动（诗作、赛龙舟）。国家林业局根据《国家湿地公园评估标准》（LY/T 1754—2008），批准设立在一定规模和范围内设立以湿地景观为主体，以湿地生态系统保护为核心，兼顾湿地生态系统服务功能展示、科普宣教和湿地合理利用示范，蕴含一定文化或美学价值，可供人们进行科学研究和生态旅游的示范湿地公园。住房和城乡建设部在城市规划阶段对纳入城市绿地系统规划的适宜作为公园的天然湿地，通过合理的保护利用，形成集保护、科普、休闲等功能于一体的湿地公园。

湿地景观对城市的可持续发展具有重要意义，主要表现在以下几个方面。

（1）改善城市生态环境

湿地有着极其富饶的水生植物资源，其为多样性发展的生物资源提供栖息环境，维系着自然生态循环系统的正常运行和可持续性发展，同时也是区域水生态系统保护与修复的重要工作内容。湿地位于城市、村庄和自然湿地之间，作为半人工性景观，起到了过渡景观格局的作用，还可有效净化城市空气，改善生态环境，促进城市化建设与自然生态可持续性共同发展。

（2）构成城市雨洪管理的重要组成部分

随着我国城镇化进程的推进，城市硬化面积不断加大，造成的城市内涝现象日益突出。目前，

全球 40 多个国家和地区针对城市雨洪问题相继开展了不同规模的雨水利用与管理的研究和实践。我国提出的建设自然积存、自然渗透、自然净化的海绵城市是具有国际语境的城市雨水管理理念的中国化表达。在海绵城市建设中最重要的途径是保护、修复与低影响开发。湿地是能起到"渗、滞、蓄、净、用、排"作用的设施之一。当城市遭受大雨袭击时，可以利用湿地作为蓄滞洪区，对超量的雨水进行存储，降低城市洪灾发生的概率，同时补充地下水位。

（3）缓解径流污染

城市在发展中都会造成环境污染，大量雨水径流冲刷地面的过程中会对污染物及杂质进行吸着、沉降和分解，直接排入水体会导致自然水体水质恶化。如果在河流湖泊入口处设置人工湿地，当径流雨水进入湿地时，其污染物被吸附、过滤、分解而达到水质净化作用，特别是近城市的景观型人工湿地过渡带，可以在城市道路汇集居民生产生活的各类污染物的雨水径流进入自然湿地之前对其进行净化，防止自然水体受到污染。

（4）给城市提供水资源

我国城镇节水指南提倡城市健康水循环理念，积极推行水的循环利用和梯级利用。将污水和雨水视为城市新水源，构建"城市用水——排水——再生处理——水系水生态补给——城市用水"闭式水循环系统。通过工程措施处理达到国家规定的标准要求后的再生水，排入人工湿地，经过自然储存和净化后再循环利用于工业、园林绿化、市政生活杂用等，湿地作为天然的储水池可以平衡城市储水量，为城市发展提供一定的水资源。

城市自然湿地的修复和人工湿地的构建对城市的发展很重要，当今很多城市为了更好地发展，在建设过程中将城市中的湿地进行掩埋，这是十分不明智的做法。自然湿地不仅要保护和修复，而且在某些局部位置建造人工湿地强化水循环系统是非常必要的。人工湿地具有景观营造所必需的水和植物两大要素，在工艺设计的基础上再由景观设计师尽情发挥，可以创造出集污水处理、景观、休闲娱乐、科普教育等多功能于一体的花园式（公园式）

绿色基础设施，这是目前其他污水处理工艺无法比拟的。随着我国深入开展生态文明建设工作，人工湿地污水处理项目日益增多，因此，需要结合人工湿地的特殊工艺要求进行景观化设计，以满足人民群众对生产生活环境的更高要求。景观生态学的经典案例"波士顿翡翠项链"，就是以查尔斯河等自然要素所限定的空间为定界依据，利用 200~1500 英尺*宽的绿地，将 9 个公园连成一体，绵延约 16km，在波士顿中心地区形成了一系列景观优美的公园，带来巨大的社会效益、经济效益和生态效益。我国广东深圳坪山河干流综合整治工程中，充分发挥人工湿地在雨水调蓄、水质净化、景观提升方面的优势，沿河设置 6 处景观型人工湿地，总面积约 50hm²，能够有效处理污水处理厂尾水及调蓄雨水 240 000m³/d。对传统人工湿地条块状、片植式的形式进行了优化，与周围环境充分融合，设计多种形式景观型人工湿地，由此形成能净水蓄水、可观赏游憩的坪山河景观湿地系统，不仅能达到雨水"渗、滞、蓄、净、用、排"的目的，还能取得良好的环境、社会效益和经济效益。

5.2　水质净化型人工湿地概述

5.2.1　水质净化型人工湿地景观要素

大部分已建成的人工湿地系统中，主要侧重于湿地对水质的净化作用，没有考虑湿地的美学价值。湿地植物被单一的片植，并规则地排布在方形或条形的植物塘、床中，曝气系统也由外形不佳的曝气机承担着充氧的功能。除了湿地植物带来的绿色生机，这种传统的布局方式基本无观赏性可言。只有将植物净化池及辅助水处理系统与周边景观结合在一起，才能将养护运行持久进行，并发挥人工湿地雨水调蓄、水质净化和提供休闲观览场所的多重功效。

水质净化型人工湿地中水质净化是根本，景

观效果是深层次的设计。在传统人工湿地构建步骤（确定湿地类别——选定工艺流程——选择适宜基质——确定床体结构及床深——计算最佳水力负荷和场地面积——选用适宜的植物品种）的基础上，加入景观基础设施设计。首先根据水净化工艺流程进行总平面布置、竖向设计等，并需要通过不同功能分区的划分防止水处理过程中的二次污染，然后加入简洁、高效、内敛的景观设施（如栈道、休憩平台、景观雕塑、景观灯具、标识系统等），如很多湿地公园喜欢以鱼、鹤、蛙等动物为原型设计铭牌雕塑，既体现出师法自然的精神，又能寓教于乐，将人工湿地与周边环境有机结合，为居民、游客提供开放性的休闲游憩空间，同时发挥科普教育的功能。

水质净化型人工湿地具体景观要素如下。

（1）动植物栖息地

湿地是一个生态系统，动物是重要的食物链环节，设计时要考虑光线、湿度、筑巢地点、食物提供、防御捕食者等条件，并结合微景观设计，构建湿地动物栖息地，以最大化发挥湿地的生态服务功能。植物是构成湿地景观的重要元素，在发挥人工湿地的去污效果、维护床层疏松、营造湿地景观等方面具有重要作用，不同的水生植物有不同的生态地位和去污功能，如凤眼莲等水生植物可通过根系向水中分泌一系列有机化学物质，这些物质在水中含量极微的情况下即可影响藻类的形态、生理生化过程和生长繁殖，使藻类数量明显减少。在植物选择时应尽可能采用乡土植物，以形成稳定的植物群落，增强系统的抗逆性，使系统长期稳定运行，同时考虑通过植物配置、节点打造，营造出高低错落、四季变化的湿地景观。

（2）场地比例和尺度的形式及高程变化

人工湿地建成后，主体是一个静态的景观。美产生于形式，产生于整体与各部分之间的协调，以及各部分之间的协调。比例与尺度是构成形式美的重要元素。人工湿地设计中，场地平面、竖

---

* 1 英尺 =0.3048m。

向的分割比例，各单元的长宽比例，以及植被的层次关系比例等，都需要结合人的审美需求进行设计，最终塑造自然舒缓大气的湿地景观。尺度是物给人的心理感受，在人工湿地设计中，为确保布水均匀性和水处理效果，往往将湿地单元设计为矩形，由此产生大量单调的直线条。因此，在设计中应尽量避免将湿地过多地设计为矩形，尽量避免大尺度的平面设计，可以增加其他局部景观设施衔接周边环境，改善视觉效果，以使人产生丰富的感受。

由于水处理流程的要求，湿地各单元间需要具有高程变化，因此可以借助这种变化来进行景观设计，以构成高低有序、错落有致的场景。水体形态更是体现湿地变化之美的重要元素，根据水处理工艺的要求，湿地系统中可形成形态各异的水体，如曝气塘似泉水汩汩而出，表流湿地呈现涓涓细流，拦河堰坝形成层层跌水，出水景观塘水面开阔、清澈见底等，极大丰富人的感受，形成富有变化、层次分明的湿地景观。

（3）湿地的寓意

水的处理蕴含了生命生生不息、循环往复、周而复始的理念，因此，在设计人工湿地景观时，应积极传达该理念。例如，成都的活水公园在整体形态上仿生鱼类，设计将府南河水提升后进入鱼嘴，经过鱼头形状的厌氧池，再进入鱼身鳞片状的多级表流湿地单元，净化后最终从鱼尾排出，汇入府南河，在满足水处理功能的同时，寓教于乐，充分传达了净水的寓意。

（4）水质安全

用于营造人工湿地的湿地环境用水应满足景观用水的水质指标值，因此，在水质未达标之前，应尽量采用潜流湿地或封闭式的曝气塘等工艺，避免形成自由表面流。在湿地出水与人体接触前，应对水质进行监测，遵循水质安全的原则。

人工湿地生态景观设计，具体而言，从设计规划层面，应当从整体环境入手开展全面统一规划，充分结合湿地系统对应需求环境的实际特征，对周围居民生活环境及城镇发展功能进行科学规划设计，以此达到协调环境的效果，确保陆域环境和湿地环境的全面完整性。切忌因太过分割湿地环境造成湿地生态系统功能退化，而应当建立起人工湿地与周围自然环境的和谐关系，确保拥有可靠的湿地生态廊道，建立起一种良性循环。从景观营造层面，全面考虑人工湿地生态系统的自然生态功能、社会空间功能，推进自然生态环境与景观营造的高度融合，有效呈现自然生态美，再有效利用湿地资源来打造景观场所，满足人们对生态环境及景观环境的需求，为城市发展奠定坚实基础。

5.2.2　水质净化型人工湿地分类

（1）按照湿地中水的流动路径分

按照湿地中的水流动路径的不同，主要可分为表面流、水平潜流型、垂直潜流型及混合流型四种。

表面流人工湿地（图 5-1）即水流在湿地表面呈推流式前进，水深较浅（一般为 0.1~0.6m），有利于水的自然复氧，在流动过程中，与土壤、植物及植物根部的生物膜接触，通过物理、化学以及生物反应，污水得到净化，并在终端流出。但表流人工湿地不能充分利用填料及植物根系的作用，水力负荷较低、占地面积大、夏季容易生长蚊蝇、产生臭味，影响景观。

水平潜流型人工湿地（图 5-2）则是指水在湿地床的内部流动，水面位于湿地填料层以下，水在填料床中沿水平方向缓慢流动，通过填料表面生长的生物膜，丰富的植物根系及填料截留等的作用对污染物进行去除。由于水流在地表下流动，保温性较好，受气候影响较小，卫生条件好，水力负荷较表流型人工湿地高，且很少有恶臭和蚊蝇现象，是目前研究及应用最为广泛的湿地流态，但是其脱氮除磷效果略差。

垂直潜流型人工湿地（图 5-3）中水流在填料床中处于自上而下垂直流动状态，水流流经床体后被铺设在出水端底部的集水管收集而排出，与水平潜流型湿地相比，该类型湿地增大了污水与空气接触面积，有利于氧的传输，提高了处理效果，但系统控制复杂，落干（淹水）时间长，夏

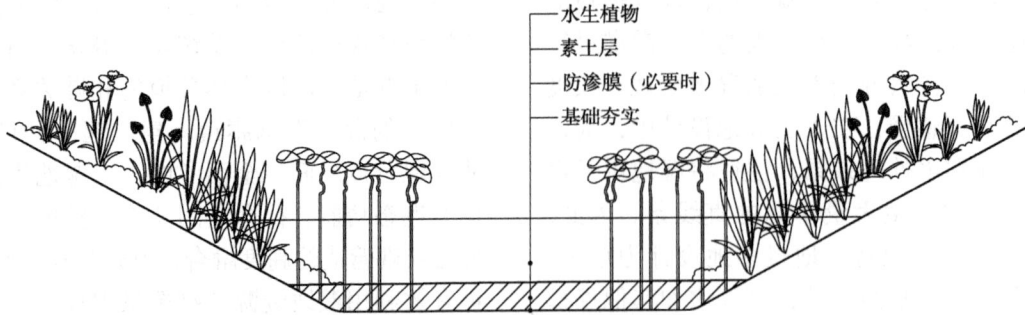

图5-1　表面流人工湿地示意图（依《人工湿地水质净化技术指南》改绘）

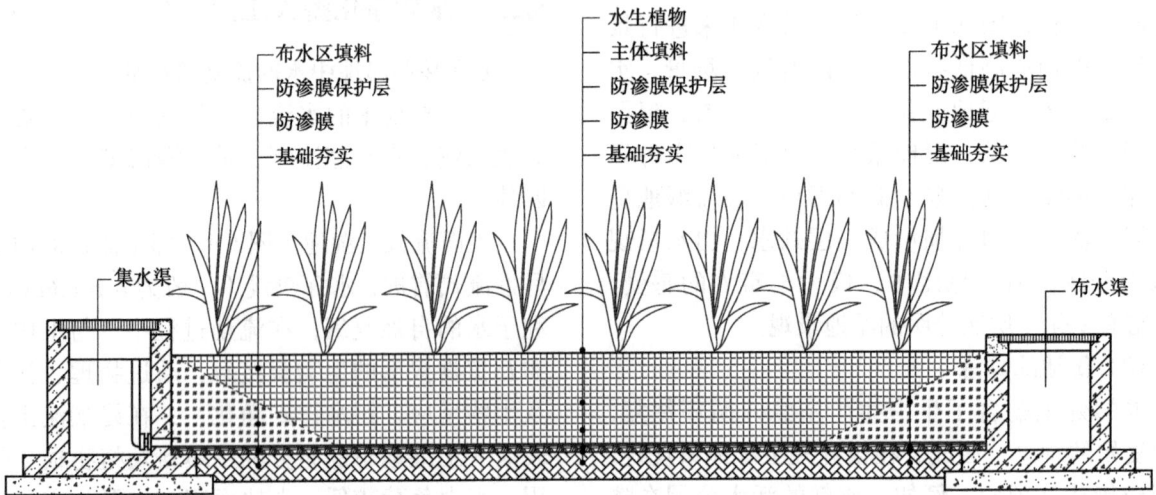

图5-2　水平潜流型人工湿地示意图（依《人工湿地水质净化技术指南》改绘）

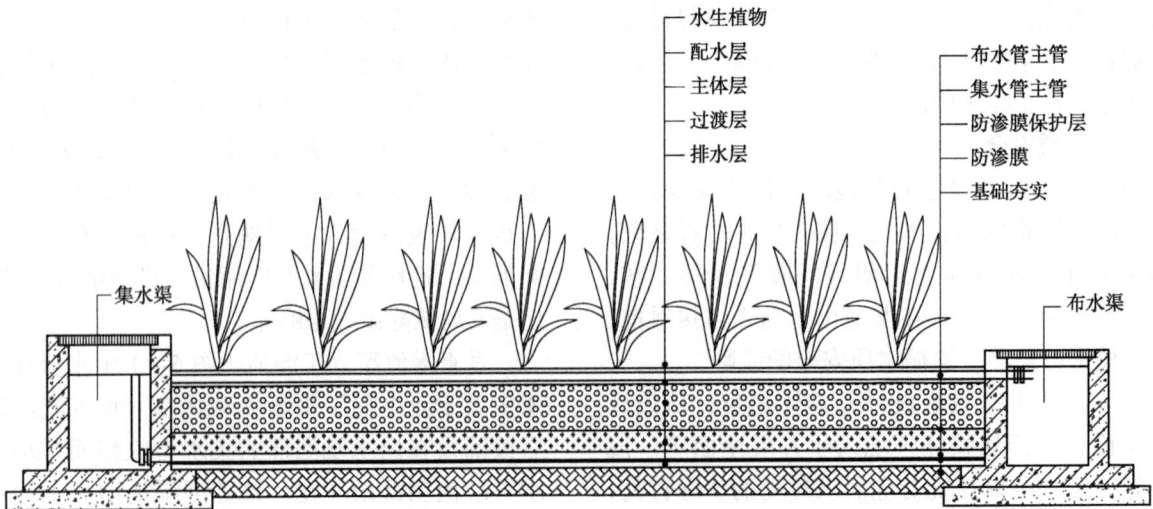

图5-3　垂直潜流型人工湿地示意图（依《人工湿地水质净化技术指南》改绘）

季易滋生蚊蝇。其占地面积小于其他形式湿地，单位面积处理效率高，硝化能力高于水平潜流型人工湿地。

混合流型人工湿地即湿地由若干单元组成，单元内部是垂直潜流型，单元和单元之间是水平潜流型，混合流型人工湿地兼具有水平潜流型和垂直潜流型的优点，在实际工程中应用较多。

几类人工湿地各有优缺点，针对景观型人工湿地，根据进水性质的不同，可以选择水平潜流型、垂直潜流型或混合流型人工湿地，也可以根据处理规模的大小进行不同方式的组合，一般有单一式、并联式、串联式和综合式等。

（2）按照景观型人工湿地进水的类型分

按照景观型人工湿地进水类型的不同，可分为污水人工湿地和雨水人工湿地。

污水人工湿地和雨水人工湿地在水文特性、化学特性等方面有较大的差别。水文特性即流量相关因素，化学特性指进水水质相关因素，两者均影响污染物的沉积、氧化、生物转化和土壤吸附过程。

污水人工湿地的进水既可以是城市污水处理厂尾水，也可以是工厂区域工业污废水，还可以是农村分散区域产生的污水、废水，其共同的特征是进水中污染物质浓度较高，且具有较稳定的流量和水质。设计中可以根据生物降解过程，确定并维持相应运行参数保证最佳的处理效率。

雨水人工湿地水量不均衡，旱季进水流量为零，而在降雨期间或降雨之后会产生很大的流量，因此湿地系统实质上是作为一个间歇反应器运行的。湿地的水位在降雨前后发生变化，导致湿地内部水位周期性变化，使积累的有机物自然氧化，还可使氧气向填料中扩散，加强湿地内的硝化作用。雨水人工湿地除水量不均匀外，水质也有很大的变化。暴雨径流的水质与暴雨冲刷地面的功能密切相关，可能是比较洁净的雨水（如维护良好的城市广场、居住小区），但也可能含有大量悬浮物、油类物质甚至重金属（如重要的交通道路或工业园区堆场等），对处理系统造成冲击。径流冲刷地面过程中，水中总氮、总磷、重金属含量与径流量对地表的侵蚀能力呈正相关，与暴雨强度

呈正相关，且污染物的输入浓度随着降雨径流的过程减小。因此，处理暴雨径流的人工湿地中的生物群应具有较强的多变情况适应能力。湿地的最高水位和最低水位决定湿地处理暴雨的体积容量、出水系统的结构和排水孔口的高度，水深和洪水周期能改变植物群落，同时影响出水处理效果，因此，雨水人工湿地的储存容积和出水区要结合暴雨发生的频率和周期合理确定。

5.2.3　人工湿地水质净化机理

人工湿地可以运用于城市建设中水的人工循环过程，对水质、水量进行调节，其在水质调节中的作用表现在以下几个方面。

（1）物理过滤吸附作用

污染水进入人工湿地系统，水中的固体颗粒与基质颗粒之间会发生作用，水流中的固体颗粒直接碰到基质颗粒表面被拦截。水中颗粒迁移到基质颗粒表面时，在范德华力和静电力作用以及某些化学键和某些特殊化学吸附力的作用下，被黏附在基质颗粒上，也可能因为存在絮凝颗粒的架桥作用而被吸附。此外，由于湿地床体长时间处于浸水状态，床体很多区域内基质形成土壤胶体，土壤胶体本身具有极大的吸附性能，也能够截留和吸附进水中的悬浮颗粒。物理过滤和吸附作用是湿地系统对污水中的悬浮固体（SS）污染物进行拦截，从而达到净化污染水的目的的重要途径之一。

（2）化学絮凝和挥发作用

化学反应包括化学沉淀、吸附、离子交换、拮抗和氧化还原反应等。进水中可溶性的有机化合物如阴离子（PO_4^{3-}）和阳离子（重金属阳离子）发生化学反应，沉淀或絮凝在基质层中，从而从水中分离。进水中的挥发性有机物在流动过程中因为环境条件的改变从水中挥发到空气中，也是一种化学作用。

（3）人工湿地植物的作用

人工湿地根据主要植物优势种的不同，可分为浮水植物人工湿地、浮叶植物人工湿地、挺水植物人工湿地、沉水植物人工湿地等不同类型。

首先，湿地植物和所有进行光合自养的有机体一样，具有分解和转化有机物和其他物质的能力，能直接从水中吸收可利用的营养物质，如水体中的氮和磷等。水中的铵盐、硝酸盐以及磷酸盐都能通过这种作用被植物体吸收，再通过被收割而离开水体。其次，植物的茎、叶、根系能吸附和富集重金属和有毒有害物质，其中根部的吸收能力最强。在不同的植物种类中，沉水植物的吸附能力较强。再次，植物根系密集发达交织在一起的植物也能对固体颗粒起到拦截吸附作用，同时为微生物的吸附生长提供了更大的表面积，是微生物重要的栖息、附着和繁殖的场所。相关文献表明，植物根际的微生物数量比非根际微生物数量多得多，而微生物能起到降解水中污染物的重要作用。最后，植物还能通过根系泌氧为水体输送氧气，增加水体的活性。

（4）微生物的分解作用

人工湿地系统中的微生物是降解水体中污染物的主力军。好氧微生物通过呼吸作用将污水中的大部分有机物分解成为二氧化碳和水，厌氧细菌将有机物质分解成二氧化碳和甲烷，硝化细菌将铵盐硝化，反硝化细菌将硝态氮还原成氮气等。通过这一系列的作用，污水中的主要有机污染物都能得到降解，同化为微生物细胞的一部分，其余的变成对环境无害的无机物质回归到自然界中。此外，湿地生态系统中还存在某些原生动物及后生动物，甚至一些湿地昆虫和鸟类也能参与吞食湿地系统中沉积的有机颗粒，然后进行同化作用，将有机颗粒作为营养物质吸收，从而在某种程度上去除污水中的颗粒物。

5.3 水质净化型人工湿地设计

为保证人工湿地水质净化功能和可持续运行，人工湿地进水水质需根据水生态环境目标要求、当地水污染物排放标准、社会经济情况、用户需求、湿地处理能力等因素综合确定。当处理对象为集中式污水处理厂出水时，进水应达到当地水污染物排放标准；当处理对象为河湖水、农田退水时，进水应优于当地水污染物排放标准。水质净化人工湿地工艺设计必须满足生态环境部颁发的《人工湿地水质净化技术指南》和相应地方人工湿地建设标准，处理效果要满足出水要求。

人工湿地的设计主要包括水力负荷、有机负荷的确定，湿地床构型、工艺流程及布置，进出水系统和湿地栽种植物选择等诸多因素。设计中，首先根据有关设计公式和实际情况选定各参数，确定湿地的基本构型和尺寸；其次然后考虑选址、进出水系统布置、植物和填料的选定等具体问题；最后须制定湿地的运行维护措施（其中包括启动期的运行、植物的收割安排及低温环境中的维护措施）。

5.3.1 水净化型人工湿地景观选址

人工湿地进水水源可以是城市污水或工业废水，结合污水、废水产生的区域来建造，也可以仅用于雨洪期雨水的调节和处理。对城市湿地的选址，需要结合当地的地形、地质条件、气象情况从整体来分析，特别是对当地的降雨情况进行深入调查，对湿地中的水资源进行有效的管理，促进城市的排涝工程和水资源的积蓄。水净化型人工湿地多处于城市建成区范围内或近郊区域，其选址需要符合相关规划要求，从整个区域生态安全格局的角度，与河道、绿地、道路等要素进行有机联系，保证建设场地周围的生态平衡，打造为景观生态功能节点。场址选择需要妥善考虑地形、高程等因素，优先选择坑塘、闲置洼地、荒地、蓄滞洪区、采煤塌陷地、城镇绿化带、边角地等，同时考虑便于湿地进水及处理后的出水排放或回用。用地规模应根据人工湿地处理对象和处理级别等因素确定。

以达标排放的污水处理厂出水作为净化对象的，湿地宜设置在污水处理厂等重点排污单位出水口下游；以微污染河水作为净化对象的，湿地宜设置在河流支流汇入干流处、河流入湖（库）口、重点湖（库）滨带、河道两侧河滩地；以农田退水为净化对象的，湿地宜设置在大中型灌区农田退水口下游；雨水人工湿地要考虑雨水的汇集，适合建在道路附近（有充足的汇流水量）或占地面积大而建筑密度较小的公园或住宅区。当在河渠上建造在线式人工湿地时，应符合《防洪标准》（GB 50201—2014）及相关防洪排涝的规定，注意不能降低其排洪能力。为了在干旱季节也能保证有足够的水供湿地生存，实现一定的景观效果，理想地点是附近地下水位高，或者有基流或有足够的其他水源（如小区的中水）补充。

湿地作为一种生态处理技术，不可能在短期内就达到预期的处理效果，应有充分长的启动及过渡期。为实现对水的有效处理，工艺设计除了满足规范基本要求外，还要参照城市绿地、公园、湿地公园等对象和相应规范中提出的景观设计要求进行分析景观设计，要遵循《城市用地分类与规划建设用地标准》（GB 50137—2011）、《城市绿地设计规范》（GB 50420—2007）、《公园设计规范》（GB 51192—2016）和《城市湿地公园设计导则》，这三者所定义的对象是从大到小的关系，即城市绿地包含公园，公园包含城市湿地公园，指标要求由浅入深。在实际操作中应以《公园设计规范》为主，该规范围绕公园绿地常规的建设内容，针对不同情况下的定性定量要求十分详尽，且所有指标均在《城市绿地设计规范》所框定的红线和原则范围内。《城市湿地公园设计导则》可作为生态相关部分的补充性指导文件，该指导文件则对现状资源调查、建设准入范围、功能分区、水系设计、植物配置、栖息地设计和成果文件方面要求明确，针对性更强，更契合住建部发布的《城市湿地公园管理办法》，便于后期管理与挂牌申报。例如，人工湿地多处于城市区域范围内，如果能设计为开放式的公园，按照《城市用地分类与规划建设用地标准》，属于公园绿地，可以增加城市的绿率，而如果按照常规设计为水质净化型功能湿地，只能作为公用设施用地中的排水设施。国内较早一批建设的人工湿地工程大部分在规划设计阶段就没按照公园绿地设计，因此应鼓励将水处理人工湿地设计为开放式公园，在规划设计阶段就按照《城市绿地设计规范》设计工程中的道路桥梁、园林建筑、给水排水、电气等。

5.3.2　人工湿地进水预处理及工艺设计

（1）预处理

人工湿地在运行中容易出现基质层堵塞，降低水处理效果和湿地的运行寿命。造成湿地堵塞的主要因素包括基质材料、湿地植物、进水污染物负荷和有机物积累，其中最主要的原因是进水污染物负荷过高，包括水体中悬浮物的影响和有机污染负荷的影响。《室外排水设计标准》（GB 50014—2021）从延长使用寿命角度考虑，规定人工湿地的进水宜控制化学需氧量（COD）≤200mg/L，悬浮物（SS）≤80mg/L。人工湿地进水中含有有毒、有害物质时，其浓度应符合《污水综合排放标准》（GB 8978—1996）中的有关规定。因此，在湿地系统设计时必须考虑进水预处理工艺。预处理的主要目的是去除悬浮物、漂浮物、沉淀较大颗粒的污染物，平衡水量，容纳和处理污泥。

预处理程度根据具体水质情况与水质要求，选择一级处理、强化一级处理和二级处理等适宜工艺，以达到协同削减有机污染物的目的。当湿地进水的水量波动大、泥沙含量多或悬浮物浓度高（如潜流湿地进水悬浮物浓度高于 20mg/L）时，宜设生态滞留塘、生态砾石床、沉砂池、沉淀池或过滤池等；当进水中存在漂浮物时，宜设置格栅；当有机物和悬浮物含量较高进水时，人工湿地预处理设施有化粪池、调节池、厌氧池、活性污泥池、接触氧化池、生物滤池。调节池不仅可以调节水量和水质，避免人工湿地受到较大的冲击负荷，还具有水解酸化池的功能，其有机物的去除率远远高于传统的初沉池，而且污水经过水解处理，其中的有机物不仅在数量上发生了很大的变化，而且在理化性质上发生了更大的变化，有利于后续的好氧处理；厌氧池是通过厌氧消化的作用降低进水中的化学需氧量；接触氧化池和生物滤池都是在生物反应池内充填填料，已经充氧的污水浸没全部填料，并以一定的流速流经填料，在填料上布满生物膜，在生物膜上微生物的新陈代谢作用下去除污水中的污染物质，减轻人工湿地的负荷，减缓堵塞现象。

预处理池的入口设计要考虑消能作用，例如，在入口处修筑坡度为 2∶1 的斜坡，或堆放一些石块，能起到一定的消能作用。石块或斜坡的高度为 0.6~1m，可以减小水流的流速，有效防止池中已下沉的污染颗粒重新上浮。预处理池的出口构造要保证后续的湿地的控制水位，必要时应设置溢流坝，长度约为预处理池宽度的 1/2，保证水流从上部均匀流出，防止集中排水。

(2) 工艺参数确定

工艺设计主要包括总平面及竖向设计、引排水、集布水、填料配置、植物配植和防渗防堵塞等设计。人工湿地所需要的湿地面积根据不同进水量、进水浓度和出水浓度水平要求确定。当处理对象为污水处理厂出水时，设计水量需与污水处理厂出水量相匹配；当处理对象为河湖水、农田退水时，设计水量应考虑受纳水体水质改善需求、可利用土地面积、湿地耐冲击负荷能力等因素合理确定。

①面积　人工湿地面积应按五日生化需氧量表面有机负荷确定，同时应满足表面水力负荷和停留时间的要求。可以利用污染负荷计算人工湿地面积，见式 (5-1)。

$$A = \frac{Q(C_0 - C_s)}{N_A} \qquad (5\text{-}1)$$

式中　A——系统表面积 (m²)；

Q——系统平均流量 (m³/s)；

C_0——入流污染物浓度 (mg/L)；

C_s——出流污染物浓度 (mg/L)；

N_A——污染物削减负荷 [g/ (m²·d)]。

人工湿地的污染负荷宜根据试验资料确定，当无试验资料时，可按生态环境部 2021 年发布的《人工湿地水质净化技术指南》中根据工程所属的区域选择的规定取值。也可以用式 (5-2) 计算人工湿地面积。湿地的水力负荷与建造地点的水文因素以及处理水的有机负荷密切相关。

$$A = \frac{Q}{q} \qquad (5\text{-}2)$$

式中　q——水力负荷 [m³/ (m²·d)]，可参考《人工湿地水质净化技术指南》。

②水力停留时间 T　是影响水处理效果的重要参数，需要通过湿地的具体尺寸来保证，根据式 (5-3) 确定。一般二级处理不小于 3d，深度处理不小于 0.5d。

$$T = \frac{lbhn}{Q} \qquad (5\text{-}3)$$

式中　l——湿地的长度 (m)；

b——湿地的宽度 (m)；

h——湿地的深度，一般取 0.7~1m；

n——填料孔隙率 (%)，表面流人工湿地 $n=1$。

人工湿地主要设计参数应基于气候分区，通过试验或按相似条件下人工湿地的运行经验确定。生活污水或具有类似性质的污水，经过一级处理和二级处理可直接采用水平潜流型人工湿地进行处理，河道或湖泊等污染水体和雨水处理可以参照深度处理参数。

人工湿地防堵塞设计时，应综合考虑进水的悬浮物浓度、有机负荷、投配方式、基质粒径、植物、微生物、运行周期等因素。可采用以下方法降低堵塞的概率：采用多个单元并联运行时，可以考虑每隔 5~7d 对部分人工湿地停止进水 1~2d，采取间歇运行的方式；还可对进水进行预曝气，提高湿地基质中的溶解氧，更好地发挥微生物的分解作用，防止土壤中胞外聚合物的蓄积；选择合适的基质粒径及级配，基质粒径及级配的选择应综合考虑净化效果和防止堵塞因素 (陈静 等，2006)。

(3) 人工湿地几何尺寸设计

人工湿地宜分区设置，一般分为进水区、处理区和出水区，池底坡度不小于 0.5%，进出水系统设计总的原则是保证布水和集水的均匀性和可调性。

人工湿地可以选择不同的长宽比。在停留时间一定的条件下，人工湿地越长，水流流速越快，污染物的沉降和植物的拦截过滤作用均会受到影响，水流的线速度增加，水头损失也相应增加。在某些区域，水头损失过大会造成溢流。因此表面流人工湿地的长度不宜过大，宜小于 50m，长宽比宜控制在（3~5）：1，单个处理单元面积不宜大于 3000m²。由天然湖泊、河流和坑塘等水系改造而成的表面流人工湿地可根据实际地形，在避免出现死水区的前提下，因地制宜设计处理单元面积及形状，长宽比宜大于 3：1，水深应与水生植物配置相匹配，一般为 0.3~2.0m，平均水深不宜超过 0.6m，超高应大于风浪爬高，且宜大于 0.5m；水平潜流型人工湿地单个单元面积不宜大于 2000m²，多个处理单元并联时，其单个单元面积宜平均分配，长宽比宜小于 3：1，长度宜取 20~50m，水深宜为 0.6~1.6m，超高宜取 0.3m，池体宜高出地面 0.2~0.3m，水力坡度宜选取 0%~0.5%。垂直潜流型人工湿地单个单元面积宜小于 1500m²，多个处理单元并联时，其单个单元面积宜平均分配，长宽比宜为（1~3）：1，可根据地形、集布水需要和景观设计等确定形状，水深宜为 0.8~2.0m。

为防止短流、滞留、集布水不均，表面流人工湿地可采用单点、多点和溢流堰布水，可采用类似折板的围堰或横向的深水沟进行导流，并通过控制底面平整性及植物密度来优化湿地的布水均匀性；水平潜流型人工湿地应采用多点布水，可采用穿孔管或穿孔墙方式布水；垂直潜流型人工湿地布水和集水系统均应采用穿孔管，湿地单元间宜设可切换的连通管渠。潜流型人工湿地采用穿孔管配水时，穿孔管应均匀布置于滤料层上部或底部，穿孔管流速宜为 1.5~2.0m/s，配水孔宜斜向下 45º 交错布置，孔径宜为 5~10mm，孔口流速不小于 1m/s；穿孔管的长度应与人工湿地单元的宽度大致相等；管孔密度均匀，管孔尺寸和间距根据进水流量和进出水水力条件核算，管孔间距不宜大于 1m，且不宜大于人工湿地单元宽度的 10%；垂直潜流型人工湿地配水管支管间距宜为 1~2m；穿孔管位于填料层底部时，周围宜选用粒径较大的填料，且粒径应大于穿孔管孔径。

人工湿地分区设计时，还应考虑分水井、分水闸门等分流设施；有水量冲击可能时，应考虑水量调节、排空设施、拦水及超越管渠等溢流设施，如考虑雨季暴雨径流带来的超高水位，此时淹没的最大深度应保证大部分植物能够生存并发挥功能，淹没深度宜控制在 0.2m 以下，需要溢流部分雨水防范雨水径流甚至洪水对湿地带来的短期冲击。潜流型人工湿地水位控制应保证其接纳最大设计流量时，进水端不能出现壅水现象，防止发生表面流。

人工湿地出水排放应按照当地有关部门要求设置排放口，湿地出水量较大且出水与受纳水体的水位差较大时，应设置消能、防冲刷、加固等措施。为保证湿地水位可调性，出水处应设置可调节水位的弯管、阀门等。湿地总排水管进入地表水体时，应采取防倒灌措施。

（4）人工湿地防渗设计

人工湿地建设时应进行防渗处理，防渗措施应根据当地土壤性质和工程区地质情况，并结合施工、经济与工期等多方面因素确定。人工湿地池体常用的防渗措施有黏土碾压法，三合土碾压法，土工膜法和混凝土法。潜流人工湿地应在湿地底部和侧面进行防渗，防渗层渗透系数应不大于 1×10^{-6} m/s；当黏土层渗透系数不大于 1×10^{-6} m/s，且厚度大于 0.5m 时，可不另做防渗；人工湿地内穿墙管、穿孔墙等部位应做局部防渗处理。对于渗透系数小于 1×10^{-8} m/s，且有厚度大于 0.6m 的土壤或致密岩层时，可不采取其他防渗措施。

5.3.3　人工湿地填料

人工湿地填料应能为植物和微生物提供良好的生长环境，并具有良好的透水性。填料应选择具有一定机械强度、比表面积较大、稳定性良好并具有合适孔隙率及表面粗糙度的填充物，主要技术指标应符合《水处理用滤料》（CJ/T 43—2005）及《建设用卵石、碎石》（GB/T 14685—2011）中的有关规定。填料选择在保证处理效果前提下，应兼顾当地资源状况，选用土壤、砾石、碎石、卵石、沸石、火山岩、陶粒、石灰石、矿渣、炉渣、蛭石、高炉渣、页岩或钢渣等材料，也可采用经过加工和筛选的碎砖瓦、混凝土块材料或对生态环境安全的合成材料。采用矿渣、钢渣等作为填料时，应考虑其会引起锌、砷、铅等重金属物质溶出，在满足出水水质要求的情况下使用；同时，钢渣、矿渣可能会引起水中 pH 值升高，建议与其他填料组合使用，并设计防范措施。对磷或氨氮有较高去除要求时，可铺设对磷或氨氮去除能力较强的填料。

垂直流人工湿地一般从上到下分为水层、主体层、过渡层和排水层，填料层可采用单一填料或组合填料，粒径可采用单一规格或多种规格搭配。主体层一般由粒径为 0.2~2mm 的粗砂或其他复合填料构成，厚度为 0.5~0.8m；过渡层由 4~8mm 的砂砾构成，厚度为 0.1~0.3m；排水层一般由粒径为 8~16mm 的砾石构成，厚度为 0.2~0.3m。为避免布水对滤料层的冲蚀，可在布水系统喷流范围内局部铺设 0.5m 的覆盖层，粒径为 8~16mm 的砾石。填料应预先清洗干净，按照设计级配要求充填，填料有效粒径比例不宜小于 95%；填料充填应平整，且保持不低于 35% 的孔隙率，初始孔隙率宜控制在 35%~50%。

水平潜流型人工湿地的进水区填料层的结构设置应沿着水流方向铺设粒径从大到小的填料，在出水区应沿着水流方向铺设粒径从小到大的填料。暴雨径流湿地系统多采用砾石作为填料，由于砾石缺乏营养，需要在上面覆盖厚度为 0.15~0.2m 的有机土壤，根区宜用钙含量 2~2.5kg/100kg 的土壤。

5.3.4 人工湿地植物

人工湿地可选择一种或多种植物作为优势种搭配栽种，增加植物的多样性和景观效果。从景观和维护角度考虑，选择的植物要能适合当地气候环境，收割与管理容易、经济价值高，具有抗冻、抗病害能力，有一定的景观效果的植物。如果是以硝化为目的，除考虑植物根系密度、根系表面积外，地下茎（引起氧扩散进入根系的结构）也是选择湿地植物的主要指标。暴雨径流湿地系统要求水生植物对各种高浓度污染物有一定的承受能力。如长苞香蒲、水竹和芦苇等较大型的水生植物具有粗壮根系和许多发达的不定根，是较佳的净水植物。根据湿地水深合理配置挺水植物、

浮水植物和沉水植物，并根据季节合理配置不同生长期的水生植物。但是也要考虑不同种类植物生长在一起的相互影响，一是对光、水、营养等环境因素的竞争，二是植物之间通过释放化学物质影响周围植物的生长。其中可能存在促进作用，也可能存在抑制作用。例如，人工湿地常用的香蒲、芦苇等植物存在相生相克作用，某些植物的枯枝落叶经水淋或微生物的作用也会释放抑制性物质。因此，考虑湿地植物之间的优化组合对湿地的运行具有重要意义。植物种植时间宜选择在春季。为提高低温季节净化效果，人工湿地植物宜采取一定的轮作方式，秋冬季节可种植黑麦草、水葱、水芹等具有耐低温性能的植物。植物种植时，应保持池内一定水深，种植完成后，逐步增大水力负荷使其驯化，适应处理水质。

5.4 水质净化型人工湿地运行管理

人工湿地污水或雨水处理系统的启动一般要经过系统调试、植物复活、根系发展的不稳定阶段和植物生长成熟、处理效果良好的稳定成熟阶段，一般需要一两年时间。良好的运行维护管理是保证景观湿地良性运转的保障，维护管理不善会造成水体黑臭、植物生长杂类、蚊虫滋生、设备瘫痪等现象。湿地景观维护的内容包括水质、水量维持，系统附件和设备的维护和植物的养护。

5.4.1 水质水量维护

水质净化型人工湿地从景观角度要求水质清澈、无色、无异味。表面流人工湿地由于空气中尘土的沉积、藻类的滋生，影响了水的浊度和色度，进而影响感官。研究表明当水中总磷浓度超过 0.015mg/L、氮浓度超过 0.3mg/L 时，藻类便会大量繁殖，从而成为水质恶化的首要原因。想维护水质净化型人工湿地良好的景观，首先要监测进出水水质。当进水水质突发恶化时，应立即停止进水，经检测水质达到进水水质标准方可进水。当出水水质恶化时，应检测湿地进水及各处理单元的水质，分析水质恶化原因，通过调节进出水

水量、延长水力停留时间等措施，确保出水水质达标。当湿地出现局部恶臭时，应查找臭味来源，及时清理腐败植物残体、垃圾等。

水质净化型人工湿地还要维持水量平衡。一方面，每天应在进出水口对流量进行监测，查验布水渠或管道是否堵塞，布水口是否淤堵，及时清理淤泥、腐败植物或其他杂物。查验布水管孔口是否错位，及时矫正，以防孔口堵塞。生态砾石床可能会出现堵塞，当砾石床进出水水位差超过设计值 0.3m 时应清洗砾石床。表面流人工湿地出现淤积时，察看缓流、淤积的位置，分析原因，减小进水水力负荷，查验进出水节点是否淤堵，及时清除淤堵杂物。潜流型人工湿地出现漫流现象时，如果漫流面积比不超过 10%，应调整湿地的运行方式，加大进水流量，分区间歇排空，干湿交替运行；当漫流面积比超过 10% 但未超过 30% 时，应监测湿地堵塞情况，翻松堵塞区域的填料层，清理填料附着物后复原；当漫流面积比超过 30%、出现严重堵塞时，需换填堵塞区域填料。

另一方面，要长期监测湿地附近的降雨量和蒸发蒸腾量，用于估计湿地水平衡和预测湿地出水口的水位升高幅度。特别是洪水期，应考虑暴雨带来的冲击，适当放低水位，发挥一定的蓄积和滞水效应。水量补充尽可能利用雨水回用、中水回用等减少对自来水的消耗。

5.4.2　湿地景观植物维护

在湿地系统中，为保持水生植物稠密且健康生长，植物养护管理对处理系统的成功运行是很重要的。植物养护标准参照《园林绿化养护标准》（CJJ/T 287—2018）中的有关规定。

植物种植时间宜选择在春季，初期运行维护时间应视温度和季节确定，但不应少于 30d。人工湿地系统运转初期，可适当添加安全性有保障的微生物菌剂，辅助人工湿地系统快速形成微生物群落，微生物菌剂包含的微生物种类宜以硝化和反硝化细菌为主。人工湿地建设初期易滋生水绵，需及时进行人工打捞。

人工湿地运行期间，要定期检查记录土壤水分、植物成活情况以及生长情况。初期检查主要针对植物生殖芽的生存能力，其中检测植物覆盖率和平均高度。还要及时修剪枯黄、枯死和倒伏水生植物，疏除弱枝弱株，以通风透光，保证植物生长质量。人工湿地缺水（水位过低）时，升高出水口高度，增加水量，保持土壤水分充足；植物被淹没（水位过高）时，降低出水口高度，减少流量，降低水位；营养元素（N、P、K）短缺或微量元素（Fe、Mg、Mo 等）短缺时，投加适量肥料和相应微量元素，激发植物健康成长；溶解氧短缺时，分析原因（有机负荷高、氨氮负荷高、堵塞窒息、土壤密实）并针对性解决。

5.4.3　季节交替维护管理

春季是鱼类喂养、环境植物生长、两栖动物繁殖、水景扩展的重要时期。在春季应结合季节交替、结合水景维持的要求种植植物、投放鱼苗等。对水体及岸边植物的枯落物进行及时清理。春季雨量较少，应避免水景无水或者过度少水，结合景观维护需要和水生植物、鱼类需求进行基本水量补充。

夏季蒸发量大，应关注水量维持，保证连续干旱时有一定水量维持植物和生物的基本需要；在洪涝季节控制安全水位，避免洪涝灾害。对于高温季节藻类、浮萍等大量繁殖要进行预防和打捞等处理，必要时启动循环处理系统，对藻类等进行有效去除。为保证水体溶解氧含量，应及时监测水体水质，启动曝气系统进行适当充氧。对于水体中增殖的超量水生植物要按照水体保护要求进行及时清理。

秋季除了注意维持水量外，应更多关注植物枯落物的清理、成熟植物的换茬收割。对于有养殖功能的湿地，要控制鱼类数量，进行适当捕捞以避免过度繁殖，同时定期进行适当的清塘处理，清除底泥污染，并对水体进行适当的循环处理。

冬季应维持适当水量，保证水体充分的光照，避免水体长期冰冻，避免植物根须及鱼类冻死。在冬季易发生冻害的地区，应保证人工湿地床内水温不低于 4℃。如低温环境时将人工湿地水位上升至人工湿地表面上 50mm 位置，形成表面冰层对人工湿地填料区及水生植物根系进行保温。植物收割时可保留 20~30cm 直立残茎，以支持冰层；适当抬高表面流人工湿地水位，延长水力停留时间；极寒天气时，应降低运行水位，在冰层和水面间形成空气隔绝层，以达到保温效果，或在人工湿地表面覆盖树叶、树枝或农用塑料薄膜进行隔离，减少人工湿地热量散失。人工湿地低温运行期间可适当降低水力负荷，并维持稳定的进水流量。当人工湿地采取潮汐流方式运行时，两次潮汐时间间隔不宜超过 24h，避免湿地在低温时段处于落干状态。可采取强化措施（如预处理、人工曝气和延长水力停留时间等）提高冬季湿地运行效果。

人工湿地水处理系统具有建造和运行费用低、易于维护、技术含量低、可进行有效可靠的废水处理、可缓冲对水力和污染负荷的冲击、可提供间接效益等优点，但也有不足，如占地面积大，易受病虫害影响，生物和水力复杂性加大了对其处理机制、工艺动力学和影响因素的认识理解，设计运行参数不精确，因此常因设计不当使出水达不到设计要求或不能达标排放，有的人工湿地反而成了污染源。另外，据已有数据，当上下表面植物密度增大时，人工湿地系统处理效率提高，在达到其最优效率时，需 2~3 个生长周期，在建成几年后才能完全稳定地运行。因此，目前人工湿地技术最大问题在于缺乏长期运行系统的详细资料。总的来说，人工湿地处理系统是一种较好的废水处理方式，特别是它充分发挥资源的生产潜力，防止环境的再污染，获得污水处理与资源化的最佳效益，因此具有较高的环境效益、经济效益及社会效益，比较适合于处理水量不大、水质变化不大、管理水平不高的城镇污水，如我国农村中、小城镇的污水处理。人工湿地作为一种水处理的新技术有待进一步改良，有必要更细致地研究不同地区的特征和运行数据，以便于为将来的建设提供更合理的参数。

思考题

1. 水质净化型人工湿地和景观应如何结合？
2. 人工湿地水质净化的机理主要有哪些方面？
3. 设计水质净化型人工湿地时进水预处理的必要性和方法有哪些？
4. 在不同季节维护水质净化型人工湿地植物时有哪些要点？

推荐阅读书目

1. 人工湿地在污水处理和雨水管理中的应用. 张冬青. 华南理工大学出版社，2021.

2. 城镇污水处理厂尾水人工湿地处理技术理论与实践. 杨长明. 同济大学出版社，2022.

3. 湿地公园生态适宜性分析与景观规划设计. 汪辉. 东南大学出版社，2018.

4. 人工湿地植物配置与管理. 陈永华，吴晓芙. 中国林业出版社，2012.

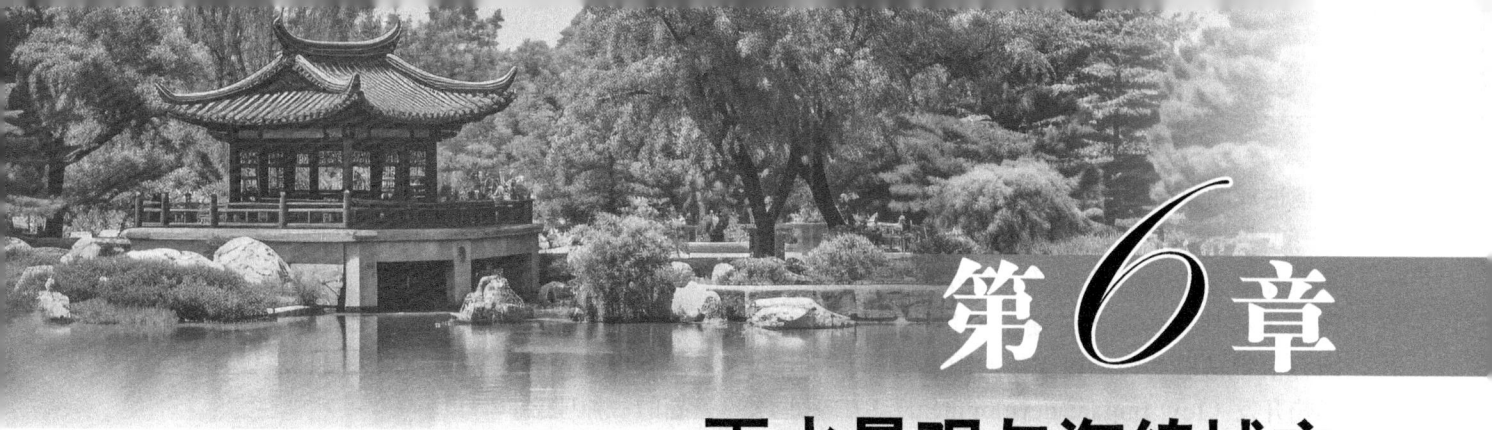

第6章

雨水景观与海绵城市

降水是自然界水循环系统中的重要环节，对调节、补充地区水资源和改善及保护生态环境起着极为关键的作用。但是短时间内的过量雨水会导致洪涝灾害。在我国，洪涝灾害和水资源紧缺问题同时并存，是制约我国经济发展的重要因素。构建"以景观水体为核心的雨水综合利用系统"是建设绿水青山、园林城市的重要体现。对于雨水洪水，一方面，提出了转变防洪减灾思路，从过去的视洪水为猛兽转变为人与洪水和谐共处，从过去单一地控制洪水向全面管理洪水转变，提出以蓄积代替全面泄洪，为河流预留更多空间的防洪思路；另一方面，提出了洪水和雨水资源化管理的思路。本章将从城市雨洪管理措施、雨水景观构建要点及海绵城市建设理论和技术等方面阐述雨水景观与海绵城市之间的关系。

6.1 城镇雨洪管理与雨水景观概述

6.1.1 城镇雨洪管理

6.1.1.1 城市化进程对雨水汇流产生影响

城市化进程使雨洪灾害更明显，一方面，城市化快速发展，大规模建造房屋和铺砌道路，改变了自然地形地貌，以不透水地面铺砌代替原有的透水土壤和植被，造成下渗与蒸发量显著减少，使同等强度暴雨下地表径流量增大，洪峰流量增大，防洪与排水压力增大；另一方面，城市化进程中城市的天然河道被裁弯取直、疏浚和整

治，使河槽流速增大，导致径流量和洪峰流量加大、流速增大。排水系统的完善，如设置道路边沟、密布雨水管网和排洪沟等灰色排水设施，增加了汇流的水力效率，使得洪峰增高、峰线提前。在中国快速城镇化发展过程中，基础设施建设无法及时跟进，如各大城市排水系统管网的规划设计等无法适应日益增长的径流量，导致暴雨时城市内涝越来越频繁。

雨水除了水量有变化，水质也比城市化之前有很大变化。雨水淋洗空气后降落到屋顶或地面，雨水中的污染物包括溶解空气中的污染物和冲刷屋面或地面过程中产生的污染物。雨水中的污染物包括悬浮固体（SS），好氧物质，重金属，富营养化物质（如氮、磷），细菌和病毒，油脂类物质，酸类物质，有毒有机物（除草剂等）和腐殖质等。城市径流中污染物组分及浓度随城市化程度、土地利用类型、交通量、人口密度和空气污染程度而变化。近年来，由于大气污染严重，在某些地区和城市出现酸雨，严重时，pH 达到 3.1，因而降雨初期的雨水是酸性的。

6.1.1.2 国内外雨洪管理经验与实践

（1）国外雨洪管理和利用经验

世界范围内，不同区域，水情不同，针对不同水情，有不同的解决方案，发达国家和发展中国家在面对雨洪管理上也有不同的经验和教训。

20 世纪 70 年代，美国率先提出非点源污染处理措施（best management practices，BMPs）。非点源污染处理措施指为预防或减少土地开发利用对

环境造成的负面影响而采取的一系列措施和方法。从开发场地到接受水体的过程中，基于开发活动与之相联系分为三个阶段，依次是暴雨水产生、暴雨水移动、暴雨水传输。20 世纪 90 年代，美国乔治省马里兰州经过多年的雨洪管理，提出低影响开发（low impact development，LID）理念与绿色基础建设，即在源头维持和保护场地自然水文功能，强调还原开发前水文循环，更多针对中小降雨事件控制径流污染，并提出增强对大暴雨事件峰流量控制。LID 技术是 BMPs 技术的加强版，倡导更加环保低能耗的系统。它的设计过程和主要内容，一是对场地的评估与分析，主要包括水文条件、地表径流与水质等；二是要确定降雨事件，包括洪峰和初雨冲刷；三是场地设计目标，包括场地径流量、峰值径流量、径流历时和频率、水质这四个目标；四是制定相关技术策略，包括渗透、储存、调节、传输、截污净化五大技术；五是实现对场地的低影响开发，减少洪涝灾害。

英国属温带海洋性气候，全年多雨，每年都有部分地区遭遇洪涝灾害。21 世纪初，英国从预防管理、源头与场地控制、区域控制等层面（类似于上述 BMPs 径流的三个阶段），建立一套完善的可持续城市排水系统（sustainable urban drainage systems，SUDS）。可持续排水是立足于排水系统本身，通过对排水系统的改造从而减少城市内涝发生的可能性，同时提高雨水等地表水的利用率，减少河流污染。SUDS 的技术手段包括雨水收集系统、绿色屋顶、渗透系统、专属处理系统、过滤带、过滤排水、冲沟、生物集水体系、树木、渗透型铺面、缓冲储存水箱、滞洪区、池塘和湿地等源头雨水管理措施。

不同于英国的雨水充沛，澳大利亚大多城市终年降雨量稀少。根据澳大利亚国情，自然不同于传统雨水管理的"快排"，管理理念在于雨水利用，强调雨洪基础设施建设在城市设计中的作用。1994 年，澳大利亚首次提出水敏感城市设计理念，（water sensitive urban development，WSUD），是结合了城市水循环、城市设计和环境保护的综合设计，旨在减少水源污染，降低雨洪风险，缓解城市热岛效应，在降低成本的基础上增加水文价值。WSUD 基于雨水源头控制，减少了暴雨径流，同时也增加供水，将城市规划和景观设计、景观生态等专业及理论相结合，突出顶层设计和综合规划的一种理念。

（2）中国城镇雨洪管理与实践

我国对雨水利用有着悠久的历史。我国古代城市重视使用自然条件，加强沟渠施工、利用水资源、雨水管理的历史比欧美早得多。古人在长期的生活实践中积累了丰富的雨水管理与利用的经验技术，这些智慧和积淀促进了社会的发展和历史的进步，时至今日依然可以借鉴学习。表 6-1 归纳总结了我国古代不同时期雨洪管理的不同方法与技术。

20 世纪 90 年代国家开始重视雨水的管理，2001 年水利部颁布《雨水集蓄利用工程技术规范》，2006 年建设部发布了《建筑与小区雨水控制及利用工程技术规范》（GB 50400—2016），2013 年发布的《国务院办公厅关于做好城市排水防涝设施建设工作的通知》部署完善城镇排水防涝工程体系相关工作，2013 年国务院颁布《城镇排水与污水处理条例》。各地方城市也有单独的雨水管理措施，如北京《雨水控制与利用工程设计规范》，深圳《雨水利用工程技术规范》和《再生水、雨水利用水质规范》等。随着科学技术的发展，雨水收集利用的新理念与新手段不断出现，例如，以低影响开发技术为核心的各类雨水利用设施，当前已经在北京顺义东方太阳城、深圳万科总部、深圳牛山公园等项目中得到应用，取得了良好的效果。

我国幅员辽阔，各个城市自然条件有差异，国外的一些成果并不能直接照搬，还需要根据我国的城市特点（如当地降雨量、城市住宅密度和人口密度、有无空间和土地利用变化等情况）确定合理的雨水排水方案。雨洪管理和利用工程的工作内容，即针对不同尺度的雨洪利用目的，对不同下垫面降水情况进行分析研究，从而确定最大控制洪峰，计算工程设施规模尺寸，发挥最大

表6-1 我国古代雨洪管理方法与技术

方法与技术	时 期	地 点	实 例	具体实践
雨水的引和排	龙山文化时期	河南淮阳	平粮台	污水和雨水排入沟渠
	夏代	洛阳	筒形陶土管道	排水设施系统初建
	清代	北京紫禁城	人工排水网络	利用自然坡降设计了干沟、支线、涵洞等
雨水的蓄与存	春秋战国时期	临淄故城	壕池、护城河	依据地势南高北低，储存城内排出的雨水
雨水的入渗	辽代	北京北海公园	团城	铺倒梯形青砖，深埋渗排涵洞
雨水的净化	清乾隆年间	颐和园前山	葫芦河	拦截池拦截暴雨径流和枯枝落叶等杂物
	清康熙年间	承德避暑山庄	水体	承接周边山体汇集的雨水，收集并净化园内雨水作为补充水源
利用雨水造景与听景	清光绪年间	扬州寄啸山庄	瀑布	墙顶做天沟，利用雨水形成山泉
	清乾隆年间	颐和园后山	桃花沟	排水通道喇叭状，种植山桃
	明正德初年	苏州拙政园	听雨轩	"L"形的空间，雨打芭蕉
雨水"引-蓄-留-排"体系	北宋熙宁年间	赣州古城	水系	修建数百个水塘和水井达到调节雨洪、休闲娱乐的功能
	汉代	珠三角地区	桑基鱼塘系统	低洼深挖为塘，泥土种桑，使桑、蚕、鱼、泥相互依存

工程效益。现有关于雨水资源化的研究大多从工程设计方面入手，但实际上应整体和多目标地解决雨水问题，而非采取单一工程的解决方式，在城市发展的规划层面需要前瞻性地分析雨水资源化的方向，构建雨水利用及生态安全格局。发达国家已从单纯的市政工程技术层面转向市政工程技术与景观生态设计紧密结合，城市规划和城市景观规划协同解决生态环境问题。

我国从20世纪90年代意识到要从宏观，在规划中积极引入雨水资源化规划，兼顾城市用地和空间开发宏观指引，制定雨水综合利用的空间分布、分类及技术措施等；从微观上，进行雨水利用规划设计的要点控制，确定具体利用技术，控制指标及相关配套政策等，从宏观和微观相结合的层面上进行雨水利用综合规划，进而实现调蓄减排、水资源保护、雨水利用、水污染控制、水景观及微气候改善等综合效益（郭文献 等，2015）。

6.1.2 雨水景观

雨水景观不仅包括现状水系、湿地、坑塘和农田等有输送、储存、净化功能的系统，也包括分布于城市道路和绿地下的雨水收集管线、下渗及净化系统等雨水基础设施。雨水基础设施是对建筑物排放雨水设施以及人们收集、利用雨水的人工建造物设施的统称，包括雨水口、雨水管、排水沟渠、散水、雨水井、雨水井盖、水池、池塘等。根据雨水排放、收集与利用的不同功用组合出不同的形式。景观化的雨水基础设施即将两者有机结合，雨水基础设施构件本身的造型要富有美感，能够体现城市或区域的文化特色，包括从色彩、造型、图案甚至安放位置做到与建筑和环境的协调，城市的水系、绿地、道路要形成良好的生态循环系统。

6.1.2.1 雨水景观的艺术特征

景观设计是空间的艺术，需要点、线、面的合理布局，雨水景观也是如此。雨水景观由雨水本身和与之相关的环境元素共同构成。景观的一个重要特点就是随时处于动态变化中，植物的季相变化、自然界风霜雨雪的气象元素，都会给景观带来各具特色的景象。而赏雨早已被中国古代文人雅士视为赏心乐事，春雨润物、夏雨芭蕉、秋雨残荷，都常见于诗词歌赋之中。雨水从天而降，能够有滴、落、沥、珠落玉盘乃至滂沱如注的动态，与植物、铺装材料、雨水基础设施等环境元素作用，又能够出现蓄、流、溢、泄、漫、跌水、瀑布等动态。各类环境元素本身即可成景，而在降雨时又能与雨水相互作用，形成独特的景观效果。艺术化的雨水景观设计能够给人带来以雨水为主题的丰富美学体验。

雨水景观设计中的点状元素包括雨水桶、小型集水池、雨水花园、雨水种植池等，线状元素如落水管、水渠、种植浅沟等，面状元素包括水平的池塘、人工湿地和垂直的跌水瀑布等。一处设计独特的节点，能够成为景观中吸引游客注意并探索雨水踪迹的起始点，而重复出现的点状元素则能够形成强烈的韵律。线状元素在雨水景观中非常多见，能够起到轴线的作用，串联起景观序列中的诸多节点，是游客追踪、探索雨水径流运动踪迹的线索，增加了游赏的趣味性。无论是开阔的水面、生物种类丰富的湿地还是奔腾的瀑布，面状元素的出现往往形成雨水景观序列中的高潮，通过合理布局，能够进一步强化雨水主题的观赏体验。雨水管的艺术化设计还可以借鉴其趣味性的形态与色彩，与建筑形成呼应，如距地面较近的雨水管甚至能够设计若干分支来容纳小型绿植，植物依靠雨水灌溉或与人工养护相结合，多余的水则从容器底部流出汇入雨水管的干管。

6.1.2.2　雨水景观的环境生态特征

雨水景观的参与性能够分为观赏、进入和互动三个层次。现代景观设计来营造的具有可视性和可参与性的雨水景观很容易吸引人的注意，也就提供了一个良好的宣传水资源相关信息的环境。自然状态的土地上，雨水降落至地表后会发生漫流、蓄积、下渗、蒸发等一系列过程，构成了不同去向的"雨水踪迹"。雨滴降落过程中与建筑物、构筑物、植物、地表等不同形态和材质的表面碰撞，形成多种视觉和听觉效果；雨滴落到地面形成地表径流后，能够营造深浅、急缓不一的流动效果，在储水容器或洼地中蓄积的雨水构成

临时性的景观，经过蒸发和下渗又逐渐消失。水的收集过程可以呈现出水的流动性，从而形成溪流、跌水、瀑布、涌泉等多元景观形态。

雨水的集流分为屋面集流、绿地集流和铺装广场集流三种类型。屋面集流主要通过屋顶花园及屋面排水的方式进行处理，屋顶花园的设计旨在将屋面绿化，一方面缓解城市的热岛效应，另一方面为建筑物提供更高效、更节能的绿色空间。绿地集流的水质较好，易于利用，在设计中通过降低绿地的高程，使其低于两边路面或铺装地面，从而消纳屋面排水及地面不透水铺装的径流，同时在不影响游人活动和植物生长的前提下，在低洼处设置下凹绿地收集雨水，形成溪流与水潭的形态，营造出季节性、变化性的景观。铺装广场集流量较大，为了减少道路、广场、停车场的地表径流，可以采用多孔沥青和透水的混凝土、陶瓷砖、草地砖等透水铺装材料，采用透水铺装结构，在不影响交通的情况下，使雨水进入路面结构和下面的土壤层，同时利用管道将集流的雨水输送到地表或地下的蓄水池中，进行下一步处理及利用，这个过程中便可塑造水道、跌水及瀑布景观。

雨水景观的环境生态特征，一方面是在保证其功能性的同时，需要更加注重设施本身的艺术性，特别是线状元素还经常作为串联整个景观序列的线索出现。沟渠的平面形态与高差变化、人工沟渠的表面材料、自然沟渠的植物种植，都能够创造趣味性和吸引力。人工沟渠中可能包含调控流量的闸门，自然沟渠可能兼具初步净化雨水的功能，这些也都是能够重点展示的内容，能够使人对雨水的收集利用有一个直观的理解。即使在未下雨时，完整而易于辨识的雨水处理系统也能使人很容易地推测出雨水的运动。可视化设计还包括对场地历史上水环境的展示，将场地内遗留的雨水相关设施或遗迹纳入新的景观设计中，或以象征性的意象来表现历史环境，向游客讲述场地以前的雨水故事。

雨水景观的环境特征，另一方面是要考虑雨水的水质。来自屋面的雨水在初期冲刷之后往往

相对洁净，而来自道路的雨水则含有较多污染物。选择合适的雨水来源，并通过适当净化，保证水质的安全。净化的设施结合水质条件设置，一般采用生物生态方法，如人工湿地、雨水花园、湿塘等。水质的保持和净化是通过沉淀、过滤、曝气等生态处理技术来实现的，设计过程结合景观营造手法，展现水的生态美。人工湿地将进入湿地系统的污染物质进行分解、吸收、转化和利用。涌泉、跌水等动态水景可以给水体曝气，池塘、湖泊等静态水体则可以为水的自我净化提供场地，不同品种的水生物不仅可以净化水质、分解污染物，还可以通过合理的植物配置方式同时满足景观美和生态美的双重要求。

在水资源日益紧缺的今天，将雨水资源利用与景观水景结合起来显得尤为适宜。山、林、塘、畦等承载着中国文化的智慧基因，应该珍视承载这份基因的大地，将绿色科技融入大地之中，诠释人与自然和谐共生。当前绝大多数雨水处理设施由水利工程相关专业人员进行设计、建设，虽然具备良好的功能性，其形式却往往较为生硬，在营造良好景观效果、提升场地综合价值等方面尚显不足，影响相关理念和设计的推广。在科学管理雨水的同时，利用雨水形成独具特色的景观，为公众提供舒适活动场地，带来美学享受，并发挥一定的宣传教育功能，实现人与自然的良性互动，是雨水景观的设计要求。

6.2 海绵城市与雨水景观建设

6.2.1 海绵城市建设与雨洪管理

6.2.1.1 海绵城市内涵与目标

海绵城市是通过城市规划、建设的管控，在维系山水林田湖草沙生态格局的基础上，强化雨水径流管控，从源头减排、过程控制、系统治理着手，综合采用"渗、滞、蓄、净、用、排"等技术措施，统筹协调水量与水质、生态与安全、分布与集中、绿色与灰色、景观与功能、岸上与

岸下、地上与地下等关系，最大程度地减少城市开发建设行为对原有自然水文特征和水生态环境造成的破坏，达到修复城市水生态、涵养城市水资源、改善城市水环境、保障城市水安全、复兴城市水文化的多重目标，使城市能够像"海绵"一样，在适应环境变化、抵御自然灾害等方面具有良好的"弹性"，实现对雨水的自然积存、自然渗透、自然净化的城市发展方式。城市建设过程应在城市规划、设计、实施等各环节纳入低影响开发内容，并统筹协调城市规划、排水、园林、道路交通、建筑、水文等专业，共同落实低影响开发控制目标（全红，2020）。

城市雨水排水系统的传统做法过度依靠管网、水池或泵站等灰色排水设施进行排水，切断了雨水的径流过程，使城市下垫面滞蓄、渗透和净化雨水径流的功能丧失，自然的海绵体功能消失。海绵城市建设要求城市总体规划（含分区规划）应结合所在地区的实际情况，开展低影响开发雨水景观设施的相关专题研究，在绿地率、水域面积率等相关指标基础上，增加年径流总量控制率等指标，纳入城市总体规划，具体要点如下。

（1）保护水生态敏感区

城市水系具有一定的调节库容量，当降雨强度较大，造成城市排水管网不能及时将雨水排出时，湖泊、河道等便能暂时容纳这部分未及时泻出的雨水，极大地减少城市径流量，缓解汇流时间，减轻城市的排涝压力。雨水在水系中自然沉淀过滤，同时水体及周边植物对雨水也具有一定的净化作用。通过保护、恢复和修复天然河湖水域空间，把城市排水系统从"区域快排、末端集中"转变为"源头分散、慢排缓释"。"渗"主要是利用一切可以让水下渗的机会，在为江河湖泊降低汇水压力的同时涵养地下水源。"滞"则需要设计能够让雨水滞留下来的措施，在滞留过程中下渗、延长雨水流入河道的时间，从而达到"错峰"的作用，缓解洪涝灾害。

（2）集约开发利用土地，合理控制不透水面积，合理控制地表径流

合理设定不同性质用地的绿地率、透水铺装

率等指标，防止土地大面积硬化。根据地形和汇水分区特点，合理确定雨水排水分区和排水出路，保护和修复自然径流通道，延长汇流路径，优先采用雨水花园、湿塘、雨水湿地等低影响开发雨水景观设施控制径流雨水。

（3）增加雨水利用

针对洪涝雨水的利害两重性，构建格局合理、蓄泄兼筹、引排得当、环境优美、综合利用的城市水系统。"蓄"的技术要素是将雨水储存后再利用的过程；"用"的技术要点则是将收集的雨水再利用，可将其利用为冲厕用水、汽车清洗、绿化灌溉、环卫冲洗街道等设计形式表现。

（4）降低径流污染

城市初期雨水中由于地面轮胎细末、生活垃圾污染、大气降尘、铅和镉重金属等污染严重。首先宜在城市地表表面铺装透水结构，让初期雨水入渗，下部填筑多孔结构材料制成的垫层，让垫层具有吸附降解功能，消纳初期雨水的污染。"净"的技术要点是利用植物、土壤等设施净化雨水，生态地完善城市水循环从而改善城市水环境；"排"的技术要点则是将通过净化过的水排出城市，更大尺度地还原到自然水循环中。

（5）明确低影响开发雨水景观设施策略和重点建设区域

应根据城市的水文地质条件、用地性质、功能布局及近远期发展目标、综合经济发展水平等其他因素提出城市低影响开发雨水景观设施策略及重点建设区域，并明确重点建设区域的年径流总量控制率目标。

《海绵城市建设评价标准》（GB/T 51345—2018）对雨水控制与利用工程的设计标准要求应满足建设区域的外排水总量不大于开发前的水平，已建成城区的外排雨水流量径流系数不应大于0.5；新开发区域外排雨水流量径流系数不应大于0.4；外排雨水峰值流量不应大于市政管网的接纳能力。新开发区域年径流总量控制率不应低于85%；其他区域不应低于70%。新开发区域年径流污染总量削减率不应低于60%；其他区域不应低于40%。海绵城市建设要实现"小雨不积水，

大雨不内涝，水体不黑臭，热岛有缓解"的目标。

6.2.1.2 海绵城市建设内容

海绵城市的建设首先要从海绵体构建出发。城市建设中需要有大海绵，也要有小海绵，保证能吸收、能渗透、能涵养、能净化、能释放雨水。城市海绵体既包括河流、湖泊、湿地、坑塘、沟渠等水系，也包括绿地、花园、可渗透路面等低影响开发雨水景观设施。结合城市现状水环境条件，基于规划对海绵城市建设要求，要从保护、修复和新建三个方面同步进行。

（1）有效保护现有河湖海绵体

划定天然海绵体河道、湖泊、湿地、坑塘、沟渠等的管理、保护范围，分析岸坡地质条件及水文情势，对重要区域提出防护措施，设置警示标志，对重要区域隔离防护；对河湖水系布设断面或监控点，实时监控，对河湖管理范围和水利工程馆管理保护范围确权划界，界定涉水生态敏感区保护范围，提出保护措施，把握好岸线、堤线、蓝线和绿线的位置，处理好河流自身形态与城市空间之间的关系。

（2）全面修复受损海绵体

摸清现有海绵体现状，对于非经常挡水、抗冲性要求不高的渠化河堤及衬砌河床进行改造、更新，复建、恢复生态河岸带，重建生态友好型水利工程。与园林、绿地和景观水体结合，营造适度的生态空间，恢复水系水文循环特征，对污染严重水体控源截污，涵养水源，净化水体，在坡地采取水保措施，修复其生态功能。

（3）大力构建城市新海绵体

点线面结合构建城市新型海绵体，其中，点状海绵体扩建即在城市小区或公园里设置地下或半地下的雨水蓄积池，将小区屋顶的雨水、花园地面的径流收集起来，用于无雨日的绿地灌溉。线状海绵体扩建即对河湖水系海绵体拓展，增加河流水系集蓄、滞留、承泄能力；在中下游建设生态缓冲带，在入河口恢复滩（湿）地。河湖海绵体构建与连通，研究河湖连通的可能性及连通方案，提高城市水体流动性及调配灵活性。开发

蓄滞洪区海绵功能，在非汛期将蓄滞洪区作为特殊海绵体，发挥滞留、承泄、净化能力。整合海绵体，实现滨水功能的多样性和混合性，创造亲水活动空间，体现空间层次，错落有致。面状海绵体扩建即在城市规划建设中应用下沉式绿地及透水地面等面状海绵体，对道路、建筑物周边雨水有效蓄积。

海绵体对雨水的调蓄能力是有限的，对于不同降雨重现期的雨水，仅仅依靠海绵体的建设是不够的，需要根据不同的降雨量构建多尺度排水系统。针对常见雨情，考虑城市用地布局、竖向设计和道路竖向设计不同类型的海绵体，多方面源头雨水控制，通过"渗、蓄、滞"策略，对雨水综合利用和排放；针对城市洪涝标准内雨情，通过中小河道、雨水管道、泵站提标改造、增设行泄通道、调蓄区、蓄涝区等策略，通过常规的雨水管渠系统收集排放；针对超常雨情，设计暴雨重现期一般为 50~100 年一遇，由隧道、绿地、水系、调蓄水池、道路等组成，通过地表排水通道或地下排水深隧，输送极端暴雨径流。

海绵城市基础设施建设是基本工程措施，城市雨洪的良好管理还要有完善的非工程措施，即运行过程中对各设施进行调度管理和监测预警，提高城市防洪治涝减灾综合能力。一方面，要结合城市功能定位、市政建设和城市水资源配置方案，研究提出城市景观用水与水资源配置、非常规水资源利用、城市防洪排涝、水生态环境建设等有机协调的可行方案，在厘清各部门职责的条件下，研究海绵体调度多部门合作的可能性、分工，海绵体个体与群体之间、上下游及左右岸之间分散滞蓄、缓释慢排的调度方案，研究通过海绵体"渗、滞、蓄、净、用、排"实现城市河道生态补水的长效机制；另一方面，还要依托流域水文自动测报、水利防汛预警、城市防汛抗旱指挥系统，与国家正在开展的智慧城市建设试点工作相结合，完善雨、洪、涝信息的监测、收集、预警、预报、运算、传输系统，提高决策指挥能力。

6.2.1.3　海绵城市建设评价体系

海绵城市是城市景观工程、低影响开发技术、城市排水防涝、城市面源污染防治等多重技术的集成。海绵城市建设的评价遵循《海绵城市建设评价标准》（GB/T 51345—2018），评价以城市建成区为评价对象，对建成区范围内的源头减排项目、排水分区及建成区整体的海绵效应进行评价，结果按排水分区为单元进行统计，达到标准要求的城市建成区面积占城市建成区总面积的比例。海绵城市建设效果应从项目建设与实施的有效性、能否实现海绵效应等方面进行评价。评价内容包括以下七个方面。

（1）年径流总量控制率及径流体积控制

海绵城市建设的核心评价指标是雨水年径流总量控制率。建设区内有不同的低影响开发设施和地貌特征，应将各设施、无设施控制的各下垫面的年径流总量控制率加权平均，得到项目实际年径流总量控制率；城市建成区包含不同的排水分区，区域的年径流总量控制率按各排水分区的面积加权平均求得。理想状态下，径流总量控制目标应以开发建设后径流排放量接近开发建设前自然地貌时的径流排放量为标准。自然地貌往往按照绿地考虑，一般情况下，绿地的年径流总量外排率为 15%~20%（相当于年雨量径流系数为 0.15~0.20），因此，借鉴发达国家实践经验，年径流总量控制率最佳为 80%~85%。我国地域辽阔，气候特征、土壤地质等天然条件和经济条件差异较大，径流总量控制目标也不同。在雨水资源化利用需求较大的西部干旱半干旱地区，以及有特殊排水防涝要求的区域，可根据经济发展条件适当提高径流总量控制目标；对于广西及广东、海南等部分沿海地区，由于极端暴雨较多导致设计降雨量统计值偏差较大，造成投资效益及低影响开发雨水景观设施利用效率不高，可适当降低径流总量控制目标。

（2）源头减排项目实施有效性

建设区包括建筑小区、道路停车场及广场和公园与防护绿地三种不同的功能区。新建建筑小区项目年径流污染物总量（以悬浮固体计）削减率不宜小于70%；改扩建项目年径流污染物总量（以悬浮固体计）削减率不宜小于40%；新建项目外排径流峰值流量不宜超过开发建设前原有径流峰值流量；改扩建项目外排径流峰值流量不得超过更新改造前原有径流峰值流量。

（3）路面积水控制与内涝防治

灰色设施和绿色设施应合理衔接，应发挥绿色设施滞峰、错峰、削峰等作用。评价采用设计施工资料和摄像监测资料查阅雨水管渠设计重现期对应的降雨情况下是否有积水现象，设计重现期对应的暴雨情况下是否出现内涝。内涝防治应采用摄像监测资料查阅、现场观测与模型模拟相结合的方法进行评价。

（4）城市水体环境质量

源头减排还包括影响城市水体环境质量的径流污染。海绵设施中的绿色设施应与灰色设施合理衔接，发挥其污染控制及水质净化等作用；雨天分流制雨污混接排放口和合流制溢流排放口的年溢流体积控制率均不应小于50%，且处理设施悬浮固体（SS）排放浓度的月平均值不应大于50mg/L；水体不黑臭，透明度应大于25cm，溶解氧应大于2.0mg/L，氧化还原电位应大于50mV，氨氮应小于8.0mg/L，水体水质不应比海绵城市建设前的水质差，河流水系存在上游来水时，旱天下游断面水质不宜比上游来水水质差。

（5）自然生态格局管控与水体生态性岸线保护

在不影响防洪安全的前提下，对城市河湖水系岸线、加装盖板的天然河渠等进行生态修复，达到蓝线控制要求，恢复其生态功能。城市开发建设前后天然水域总面积不宜减少，保护并最大程度恢复自然地形地貌和山水格局，不得侵占天然行洪通道、洪泛区和湿地、林地、草地等生态敏感区或应达到相关规划的蓝线绿线等管控要求；城市规划区内除码头等生产性岸线及必要的防洪岸线外，新建、改建、扩建城市水体的生态性岸线率不宜小于70%。

（6）地下水埋深变化趋势

地下水埋深变化也是考核指标之一，其目的是遏制年均地下水（潜水）水位下降趋势。具体方法是监测城市建成区地下水（潜水）水位变化情况，海绵城市建设前的监测数据应至少为近5年的地下水（潜水）水位，海绵城市建设后的监测数据应至少为1年的地下水（潜水）水位。

（7）城市热岛效应缓解

夏季按6~9月的城郊日平均温差与历史同期（扣除自然气温变化影响）相比应呈现下降趋势。应监测城市建成区内与周边郊区的气温变化情况，气温监测应符合现行国家标准《地面气象观测规范 空气温度和湿度》（GB/T 35226—2017）的规定。

6.2.2 雨水景观设施及低影响开发建设技术

为达到海绵城市建设目标，实践中应结合不同区域水文地质、水资源等特点及技术经济分析，按照因地制宜和经济高效的原则选择雨水景观设施及低影响开发技术。低影响开发技术按主要功能的不同，一般可分为渗透、储存、调节、转输、截污净化等；按照设施设置位置的不同，可分为源头控制、中途转输和末端调蓄设施。

6.2.2.1 源头控制技术

（1）屋顶绿化

屋顶绿化也称种植屋面、绿色屋顶等，是指在各类建筑物、构筑物、桥梁（立交桥）等的屋顶、露台或天台上进行绿化、种植树木花卉的统称。屋顶绿化首先能提高城市绿化率和改善城市景观，其次可以调节城市气温与湿度，改善建筑屋顶的性能及温度，还可以削减城市雨水径流量，削减城市非点源污染负荷，能有效改善城市生态环境。屋顶绿化一般有以下三种形式：

①花园式屋面绿化 以小型乔木、灌木、地被植物对屋面进行绿化，并设有园路、座椅、子水池、假山、过桥等园林事物供人们休憩、游玩等，并且得采取与主体建筑风格相协调的绿化方式。

②简单式屋面绿化 以地被植物或藤本植物进行屋顶覆盖，或利用棚架绿化等对建筑平屋顶和原有建筑屋顶进行绿化方式。简单式屋面绿化

包括基层、绝热层、找坡（找平）层、防水层、保护层、排水／蓄水层和过滤层、种植土层、植被层。基质深度一般不大于 150mm，仅种植草坪时厚度可以是 50~300mm。种植乔木时基质深度可超过 600mm。保护层是屋面的防水层和对植物根系的防护层，以及在以后绿化屋顶的维护时，起到防止机械损坏的作用，一般采用塑料、水泥砂浆抹面等铺设；排水层吸收基质层和过滤层中渗出的水，并将其输送到排水装置中，同时防止基质层淹水，一般可采用天然沙砾、碎石、陶粒、浮石、膨胀页岩等，也可使用塑料编织垫、泡沫塑料板、碎煤渣等，其厚度可为 5~15cm；过滤层滤除被水从基质层冲走的泥沙，防止排水层堵塞和排水管泥沙淤积，一般可采用土工布铺设。

③容器式屋面绿化　在屋面承重部位设置的固定种植池或移动容器种植苗木摆放等形式对屋顶进行绿化的形式。移动容器可根据季节变化改变种植苗木组合。

绿色屋顶对屋顶荷载、防水、坡度、空间条件等有严格要求，适用于符合屋顶荷载、防水等条件的平屋顶建筑和坡度≤15°的坡屋顶建筑，且结构设计时应计算种植荷载，并纳入屋面结构永久荷载。当有建筑屋面改造为绿化屋面时，应对原结构进行鉴定，以结构鉴定报告为设计依据，确定种植形式；改造工程施工前应按设计要求拆除原有屋面层，对建筑屋面顶板找坡并做混凝土保护层，重新施工防水层，防水层的泛水高度应高出种植土 0.25m。绿化屋面防水层应满足一级防水等级设防要求，且必须至少设置一道具有耐根穿刺性能的防水材料。绿色屋顶的设计可参考《种植屋面工程技术规程》（JGJ 155—2013）和《屋面工程技术规范》（GB 50345—2012）。

（2）透水砖铺装

传统硬化地面阻碍了降水直接补给地下水的途径，破坏城市地表土壤的动植物生存环境。透水铺装通过采用大孔隙结构层或排水渗透设施，使得雨水能够通过铺装结构就地下渗，从而达到控制地表径流、雨水利用等目的。透水性铺装按面材可分为两大类，即块状铺装、整体铺装。块状铺装包括卵石铺装、透水胶黏石铺装、各种透水砖铺装、石质嵌草铺装、植草砖铺装、木砖铺装、孔型砖加碎石铺装、渗透式植草网格铺装等，主要适用于广场、停车场、人行道以及车流量和荷载较小的道路，如建筑与小区道路、市政道路的非机动车道等。渗透式植草网格铺装是一种新型的透水铺装产品，主要由高韧性的高密度聚乙烯（HDPE）制成，具有耐腐蚀、结构坚固、渗透性能高、易于安装的特点，在平面或坡面均有大量应用。整体铺装包括碎石铺装、木屑铺装、透水混凝土铺装、多碎石沥青混凝土铺装、环氧树脂微孔透水铺装，适用于机动车道的透水铺装。透水混凝土系采用水泥、水、透水混凝土增强剂（胶结材料）掺配高质量的同粒径或间断级配骨料所组成的，并具有一定空隙率的混合材料。其特点是具有一定的透水性、保水性以及透气性；透水沥青路面是"排水降噪路面"，原料中混入特制改良性沥青、消石灰、纤维，可以降低高速行驶的车辆与路面摩擦引起的爆破声，减少路面积水，避免雨天路面反光问题，提高雨天行车的安全性。透水性沥青路面只是在表面层采用透水沥青，底层依旧是普通沥青。普通透水铺装如透水混凝土、透水沥青、透水砖等，透水率都在 10%~20%。

透水铺装宜在土基上建造，自上而下设置透水面层、透水找平层、透水基层和透水底基层；当透水铺装设置在地下室顶板上时，其覆土厚度不应小于 600mm，并应增设排水层；透水面层渗透系数应大于 $1×10^{-4}$ m/s，有效孔隙率应不小于 8%；透水面砖抗压强度、抗折强度、抗磨长度等应符合《透水路面砖和透水路面板》（GB/T 25993—2010）中的相关规定。

透水铺装适用区域广、施工方便，可补充地下水并具有一定的峰值流量削减和雨水净化作用，但易堵塞，寒冷地区有被冻融破坏的风险。透水铺装对道路路基强度和稳定性的潜在风险较大时，可采用半透水铺装结构。土地透水能力有限时，应在透水铺装的透水基层内设置排水管或排水板。现阶段透水铺装的缺点是透水混凝土造价略高于普通混凝土，强度不高，而且随着时间延长，透水、排水性能会逐渐下降，孔洞易堵塞，不易彻底清洁，在寒冷地区容易冻坏；透水砖等部分透水材料抗压、抗弯强度低，耐磨强度低。随着城市化进度加快，海绵城市建设工作的不断深入，品质高、寿命长的透水铺装将越来越多应用在城市建设中。

（3）生物滞留设施

生物滞留设施是表面种有植物，下层填有滤料的系统，不仅可以通过过滤作用削减面源污染，改善城市水环境，还可以通过系统空间滞蓄雨水、错峰缓排，降低城市内涝的风险，目前受到越来越多的关注。针对不同水质和区域的生物滞留系统，可以有不同的设计目的。例如，以控制雨洪为目的的简易型生物滞留设施（图6-1），主要起到滞留与渗透雨水的目的，结构相对简单，一般用在环境较好、雨水污染较轻的地域，如居住区等；以降低径流污染为目的复杂型生物滞留设施（图6-2），适用于环境污染相对严重的地域，如城市中

心、停车场等地。由于要去除雨水中的污染物质，在土壤配比、植物选择以及底层结构上需要更严密的设计。

复杂型生物滞留设施自上而下设置蓄水层、覆盖层、植被及种植土层、砾石层等。

①蓄水层　是设施调蓄空间之一，其深度根据植物耐淹性能和土壤渗透性能来确定，一般为0.2~0.3m，不超过0.4m，并应设置溢流设施，可采用溢流竖管、盖箅溢流井或雨水口等，溢流设施顶一般高于植被面0.1m，并应低于汇水面0.1m。溢流口周围铺设卵石，防止土壤流失。

②覆盖层　其作用是遮挡阳光、降低地温、减弱蒸发，同时对雨水中悬浮固体（SS）等污染物初级过滤。覆盖层如果采用有机质，还可以通过有机质的腐化为植物提供肥料养分，在合适的条件下还可以为后续种植土壤层内的生物反硝化过程提供碳源。覆盖层通常采用树皮或树叶或卵

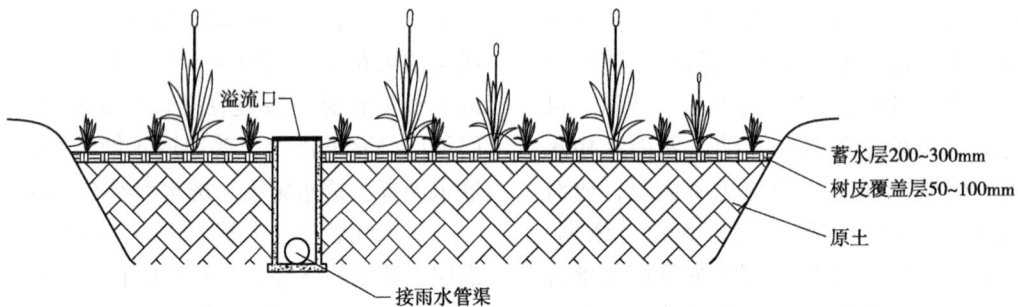

图6-1　简易型生物滞留设施

［依《海绵城市建设技术指南——低影响开发雨水系统构建（试行）》改绘］

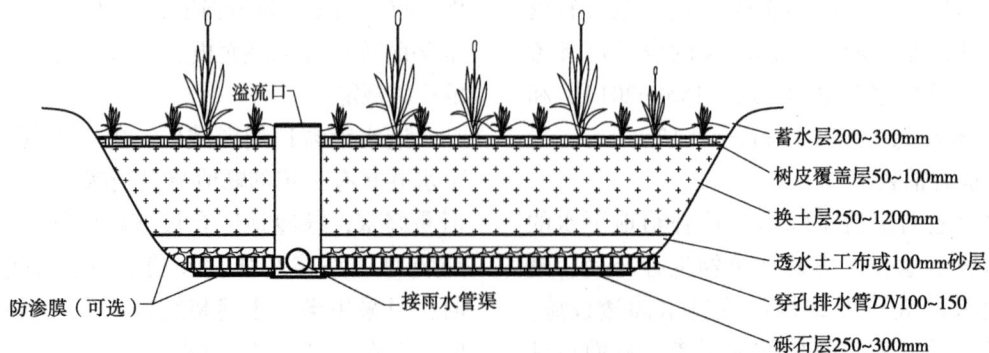

图6-2　复杂型生物滞留设施

［依《海绵城市建设技术指南——低影响开发雨水系统构建（试行）》改绘］

石、碎石，高度 0.05~0.08m，保证透气性。

③植被及种植土层　植物对于雨水中污染物质的降解和去除机质可以通过光合作用，吸收利用氮磷等物质，也可以通过根系将氧气传输到基质中，在根系周边形成有氧区和缺氧区穿插存在的微处理单元，使得好氧、缺氧和厌氧微生物各得其所，发挥相辅相成的降解作用，还可以通过根系拦截和吸附污染物质（特别是重金属）。种植草本植物时土层厚度一般为 0.25m，种植木本植物时土层厚度一般为 1m。

种植土层介质类型及深度应满足出水水质要求，种植层一定要保证高渗透性和污染物的降解作用。高渗透性即滞留池要求雨水在短期内下渗净化，一般 1~4h 下渗完毕；污染物降解作用要求种植层具有较强的吸附作用和生物降解作用，尤其是在径流雨水污染严重的区域，应建立以污染物削减控制为目标的计算方法。种植层的有机质含量不要超过 10%，但也不能低于 5%，因为过高的有机质会引起雨水二次污染，过低的有机质又无法满足植物生长的需要；种植层含盐量不超过 441mg/L，否则会加速土壤板结。为保证种植层的功能实现，实际工程中对现场不满足条件的土壤进行置换。所用换土层填料须结构稳定，应有合理的级配，控制粉土和黏土的比例 <12%，降低结构破坏的风险。换土层填料渗透系数在 50~200mm/h，若不满足要求，可通过现场或实验室试验矫正，渗透系数过低则添加适量无角砂，渗透系数过高可添加部分软黏土。置换的换土层填料 pH 应在 6~7，不能受到火蚁等病虫害。常用的换土基质有两种，对于污染程度较轻的径流，一般使用 60%~85% 的含黏砂土，并将黏土含量控制于 5% 内；对于污染程度较重的雨水，针对目标污染物，可通过改进填料种类、优化构造等途径强化污染物去除。如对径流雨水中磷、重金属去除要求较高时，可添加含铁、钙等元素较多的填料。为防止生物滞留设施换土层介质流失和周围原土侵入，换土层底部一般设置透水土工布隔离层，也可采用厚度不小于 0.1m 的砂层（细砂和粗砂）代替。若生物滞留池填料渗透系数和周围原

土相比大过一个数量级，则不需要设置防渗层。

④砾石层　起到排水作用，厚度一般为 0.2~0.3m，可在其底部埋置管径为 0.1~0.15m 的穿孔排水管，砾石应洗净且粒径不小于穿孔管的开孔孔径。为提高生物滞留设施的调蓄作用，在穿孔管底部可增设不小于 0.3m 的砾石调蓄层。

生物滞留设施在降雨期间充满雨水，且水流速度较快，具有较强的冲刷作用，因此集中进水时须设计防冲刷保护措施，一般在入口处设置石块以降低流速并分散水流。进水流量按照一定的暴雨重现期确定，一般取 2~10 年进行设计，50~100 年进行校核。降雨后，滞留设施中的水体处于平稳的渗透、蒸发阶段，水体的水平流动停止，随着时间推移出现局部的干枯现象；干旱季节花园中的水体渗透、蒸发殆尽，露出花园地表及种植层。如果该地区长期没有降水，这样的沟渠没有水流动时就无法保证其观赏性，所以在设计时还会考虑到干旱时期的景观性。按应用位置和结构复杂程度的不同，生物滞留设施可分为雨水花园、生物滞留带、高位花坛、生态树池。

雨水花园是一种复杂型生物滞留池，在滞留蓄积净化雨水的基础上，重点强化地表植物景观和不同层次的绿化的搭配，构成复合功能的花园景观。通过合理的植物配置，能够为昆虫与鸟类提供良好的栖息环境，通过植物的蒸腾作用可以调节环境中的空气湿度与温度，改善小气候环境。雨水花园内的植物设计尤其重要，和人工湿地中的植物有一定相似性，要选择既具有去污性又能兼顾观赏性的品种。需要注意的是，雨水花园中的水量与降雨息息相关，存在满水期与枯水期交替出现的现象，因此种植的植物既要适应水生环境又要有一定的抗旱能力。雨水花园在降雨期间水流流动速度较快，因此要求植物具有较深的根系以抵抗雨水的冲刷保持稳定。雨水花园的建造成本较低，且维护和管理比草坪简单，与传统的草坪景观相比，能够给人以新的景观感知与视觉感受，因此在实际工程中有较多的应用。

生物滞留带是设置在路边的线性海绵设施，其沿道路边设置，面积较小，系统也比雨水花园

简单。路缘石豁口尺寸和数量应根据道路纵坡等经计算确定。生物滞留带应用于道路绿化带时，若道路纵坡大于1%，应设置挡水堰（台坎），以减缓流速并增加雨水渗透量；设施靠近路基部分应进行防渗处理，防止对道路路基稳定性造成影响。

高位花坛是用于收集过滤屋面径流的设置在建筑物边缘的花坛。上部屋面雨水的雨落管出口接入高位花坛。

生态树池是结合道路景观绿化，将路面径流引入到路边乔木树下，通过树池中的过滤系统对径流进行过滤和蓄存。小雨量的雨水直接在花坛或树池里蓄积，涵养植物，美化环境；大雨量的雨水经过花坛内部滤层过滤后，水质得到提升，再经盲管收集进入后续雨水排放系统或利用系统。

具体到某个区域，在调查现状雨水水质的基础上，结合后续雨水排放或利用的要求，综合场地特点和景观要求，针对不同的汇水面积设置不同类型的小型生物滞留设施。新建道路两侧绿地可采用生物滞留带，净化地表雨水径流，滞蓄雨水，削减径流峰值；现状道路存在积水问题或污染较重的，对原有绿化带改造，可采用生物滞留池形式，径流可通过路牙豁口分散流入。在现有的广场、公园、停车场内，设置生物滞留池，削减面源污染，滞蓄雨水，并缓解热岛效应。公共建筑、居民小区等如果需要雨水再生利用，可使用生物滞留池作为前处理设施。

（4）下沉式绿地

狭义的下沉式绿地是指低于周边铺砌地面或道路在0.2m以内的绿地；广义的下沉式绿地是指具有一定的调蓄容积，且可用于调蓄和净化径流雨水的绿地，包括生物滞留设施、渗透塘、湿塘、雨水湿地、调节塘等。下沉式绿地可广泛应用于城市建筑与小区、道路、绿地和广场内滞蓄雨水。下沉深度宜为0.05~0.1m，且不宜大于0.2m；下沉式绿地内应设溢流雨水口，溢流雨水口高度应根据汇水面高度确定。对于径流污染严重、设施底部渗透面距离季节性最高地下水位或岩石层小于1m及距离建筑物基础小于3m（水平距离）的区域，应采取必要的措施防止次生灾害的发生。下沉式绿地内可不做渗透层，植物应选用耐旱耐淹的品种。下沉式绿地适用区域广，其建设费用和维护费用均较低，但大面积应用时易受地形等条件的影响，实际调蓄容积较小。

（5）植被缓冲带

植被缓冲带（图6-3）适用于道路等不透水面周边，即可作为生物滞留设施等低影响开发雨水景观设施的预处理设施，也可作为城市水系的滨水绿化带，但坡度较大（大于6%）时其雨水净化效果较差。植被缓冲带建设与维护费用低，但对场地空间大小、坡度等条件要求较高，且径流控制效果有限，一般结合生态驳岸设置。

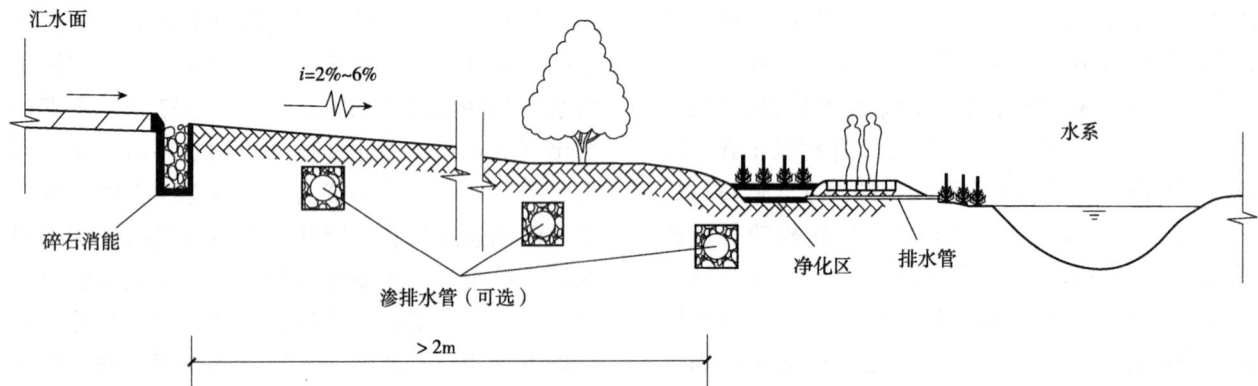

图6-3 植被缓冲带典型构造示意图

[依《海绵城市建设技术指南——低影响开发雨水系统构建（试行）》改绘]

6.2.2.2　中途转输技术

（1）植草沟

植草沟是指设置在道路、广场的周边的平行于道路设置的种有植被的地表沟渠，可收集、输送和排放径流雨水，其取代了传统的路面雨水口的收集方式，并具有一定的雨水净化作用，可作为雨水后续处理的预处理措施，衔接其他各单项设施、城市雨水管渠系统和超标雨水径流排放系统。植被浅沟的悬浮固体（SS）去除率可以达到80%以上，植被缓冲带可达5%~25%，对Pb、Zn、Cu、Al等部分金属离子和油类物质也有一定的去除能力。对于污染严重的汇水区应选用植草沟、植被缓冲带或沉淀池等对径流雨水进行预处理，去除大颗粒的沉淀并减缓流速；应采取弃流、排盐等措施防止融雪剂或石油类等高浓度污染物侵害植物。植草沟建造费用较低，具有雨水径流的汇集排放与净化相结合的功能，还具有景观功能，在实际工程中应用广泛。

根据植草沟的功能侧重点不同，具体又可分为转输型植草沟（图 6-4）、渗透型的干式植草沟及常有水的湿式植草沟。生物滞留设施的植被浅沟和植被缓冲带对污染物的去除效果主要取决于雨水在浅沟或过滤带内的停留时间、土质、淹没水深、植物类型与生长情况。设计要素包括浅沟和过滤带的断面尺寸（宽度、边坡等）、长度、纵坡、水深、流速、植被的选择和种植等。植草沟的浅沟断面形式宜采用倒抛物线形、三角形或梯

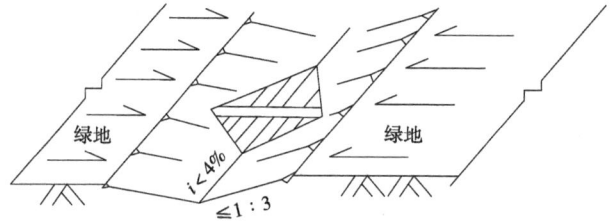

图6-4　转输型植草沟

[依《海绵城市建设技术指南——低影响开发雨水系统构建（试行）》改绘]

形，断面尺寸应根据汇水面积、降雨特性和土质情况等通过计算确定，计算可以参照雨水明渠流的相关原理与公式。植被厚度对流量的延缓程度不同，平均草长一般为 0.05~0.25m。对于浅沟，流速一般较大，平均草长可稍大，如 0.1~0.2m。植被越厚，阻力越大，粗糙系数 n 越大。草类应选用恢复力较强，并能在泥沙沉积物堆积的环境中生长的植物。植物应比较坚韧，密度或叶面积要大，能经受周期性的潮湿和短时间淹没浸泡，尽量选择适宜当地生长且需肥少的草种。

植草沟具有建设及维护费用低、易与景观结合的优点，但已建成区及开发强度较大的新建成区等区域易受场地条件制约。

（2）渗管（渠）

渗管（渠）典型（图 6-5）是采用高密度聚乙烯（HDPE）材质制成的模块化生态渗透系统，目的是按照地形地貌的固有轮廓模仿水自然形成的水道。模块的设计，使生态渠道系统产生含氧化

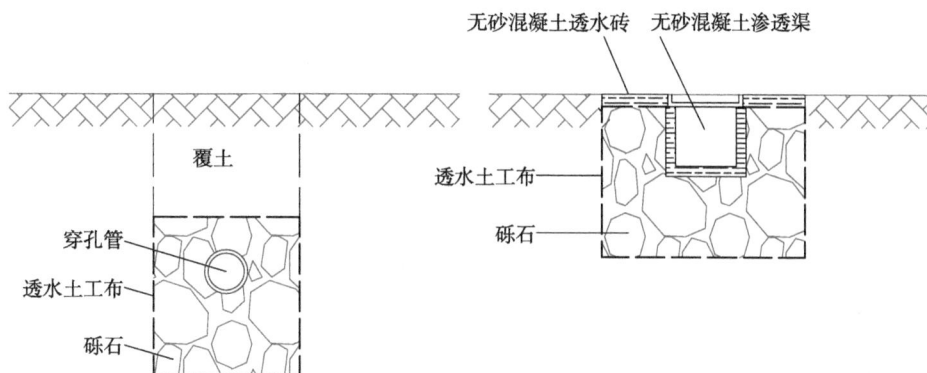

图6-5　渗管（渠）典型构造示意图

[依《海绵城市建设技术指南——低影响开发雨水系统构建（试行）》改绘]

合物补充电溶氧量，使水体提高自我净化的能力。雨水渗透渠取代传统的露天开放排水明渠，解决明渠的水体污染问题。水经过渠道系统过滤，通过水和土壤的相互渗透提高含氧量，使回归到地下、河流、海洋的是清洁的水，保护人类赖以生存的水环境。

渗管（渠）适用于建筑与小区及公共绿地内转输流量较小的区域，不适用于地下水位较高、径流污染严重及易出现结构塌陷等不宜进行雨水渗透的区域（如雨水管渠位于机动车道下等）。渗管（渠）对场地空间要求小，但建设费用较高，易堵塞，维护较困难。

（3）渗井

渗井（图6-6）是通过井壁和井底进行雨水下渗的设施，为增大渗透效果，可在渗井周围设置水平渗排管，并在渗排管周围铺设砾（碎）石，主要适用于建筑与小区内建筑、道路及停车场的周边绿地内。渗井应用于径流污染严重、设施底部距离季节性最高地下水位或岩石层小于1m及距离建筑物基础小于3m（水平距离）的区域时，应采取必要的措施防止发生次生灾害。渗井占地面积小，建设和维护费用较低，但其水质和水量控

制作用有限。渗透式过滤处理排水有粗过滤区、细过滤及处理区和沉淀渗透区三个净化过程。渗透式过滤处理排水井除用于常规渗透井外，还可应用于下凹式绿地的溢流渗透式过滤处理排水井，车辆行驶区域出口。

6.2.2.3 末端调蓄技术

（1）雨水湿地

雨水湿地（图6-7）利用物理、水生植物及微生物等作用净化雨水，是一种高效的径流污染控制设施。雨水湿地可分为雨水表流湿地和雨水潜流湿地，其设计参见本教材第5章。雨水湿地常与湿塘合建并设计一定的调蓄容积。雨水湿地适用于具有一定空间条件的建筑与小区、城市道路、城市绿地、滨水带等区域。雨水湿地可有效削减污染物，并具有一定的径流总量和峰值流量控制效果，但建设及维护费用较高。

（2）渗透塘

渗透塘（图6-8）是用于雨水下渗补充地下水的洼地，具有一定的净化雨水和削减峰值流量的作用。适用于汇水面积较大（大于$1hm^2$）且具有一定空间条件的区域，但应用于径流污染严重、

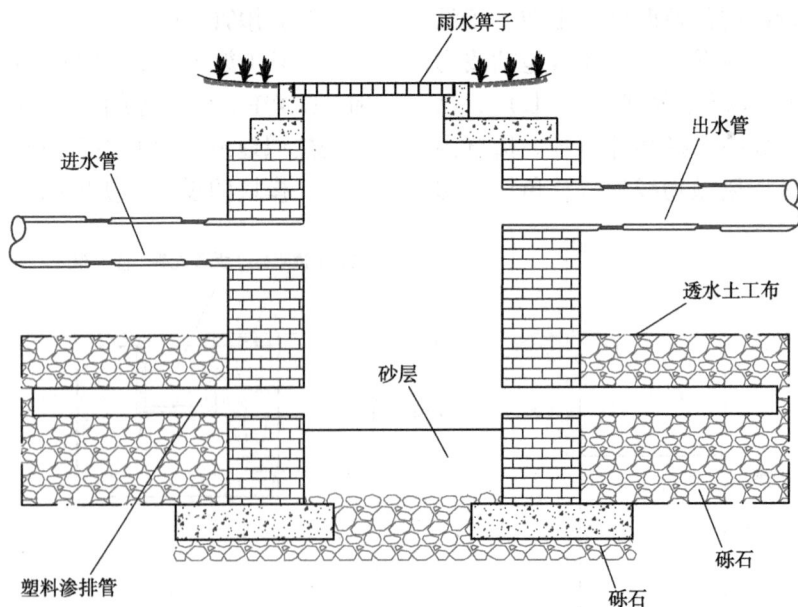

图6-6 辐射渗井构造示意图

[依《海绵城市建设技术指南——低影响开发雨水系统构建（试行）》改绘]

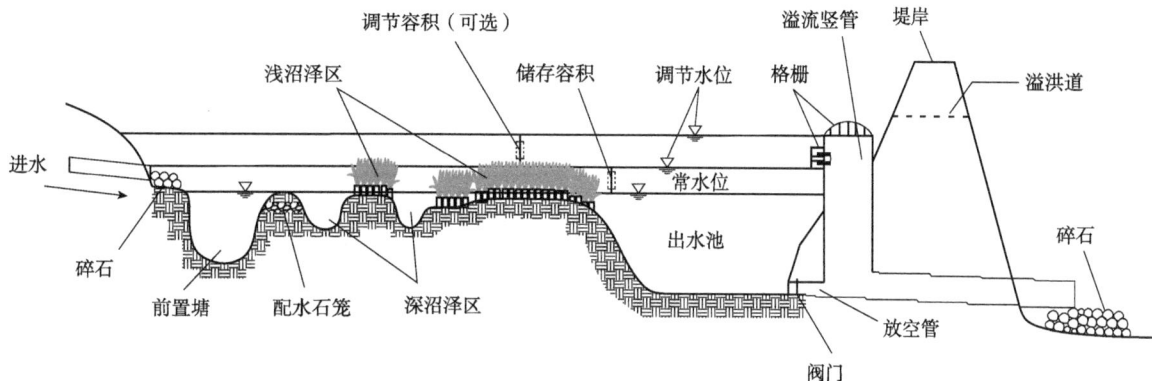

图6-7　雨水湿地典型构造示意图

[依《海绵城市建设技术指南——低影响开发雨水系统构建（试行）》改绘]

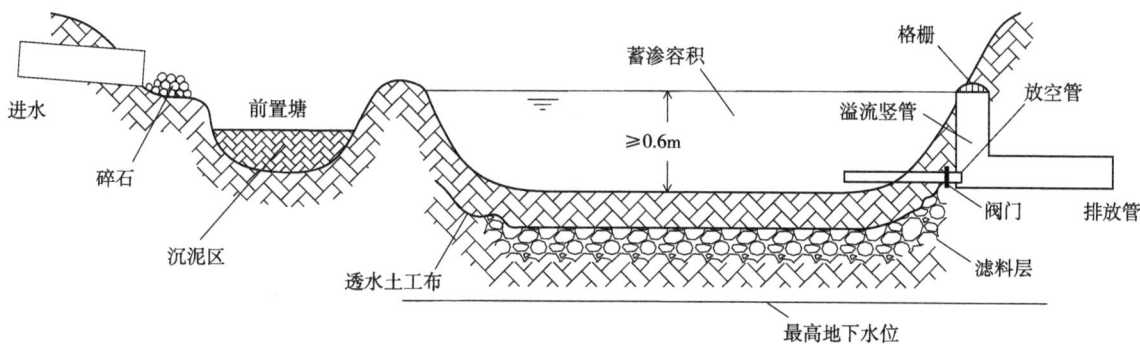

图6-8　渗透塘典型构造示意图

[依《海绵城市建设技术指南——低影响开发雨水系统构建（试行）》改绘]

设施底部渗透面距离季节性最高地下水位或岩石层小于 1m 及距离建筑物基础小于 3m（水平距离）的区域时，应采取必要的措施防止发生次生灾害。渗透塘可有效补充地下水、削减峰值流量，建设费用较低，但对场地条件要求较严格，对后期维护管理要求较高。

（3）湿塘

湿塘（图 6-9）是具有雨水调蓄和净化功能的景观水体，雨水同时作为其主要的补水水源。湿塘可有效削减较大区域的径流总量、径流污染和峰值流量，是城市内涝防治系统的重要组成部分，但对场地条件要求较严格，建设和维护费用高。适用于建筑与小区、城市绿地、广场等具有空间条件的场地。

（4）蓄水池

蓄水池指具有雨水储存功能的集蓄利用设施，同时也具有削减峰值流量的作用，主要包括钢筋混凝土蓄水池，砖、石砌筑蓄水池及塑料蓄水模块拼装式蓄水池，用地紧张的城市大多采用地下封闭式蓄水池。蓄水池典型构造参照《国家建筑标准设计图集：雨水综合利用（10SS705）》。

（5）调节塘

调节塘（图 6-10）一般为干塘，以削减峰值流量功能为主，一般由进水口、调节区、出口设施、护坡及堤岸构成，也可通过合理设计使其具有渗透功能，起到一定的补充地下水和净化雨水的作用。调节塘适用于建筑与小区、城市绿地等具有一定空间条件的区域。

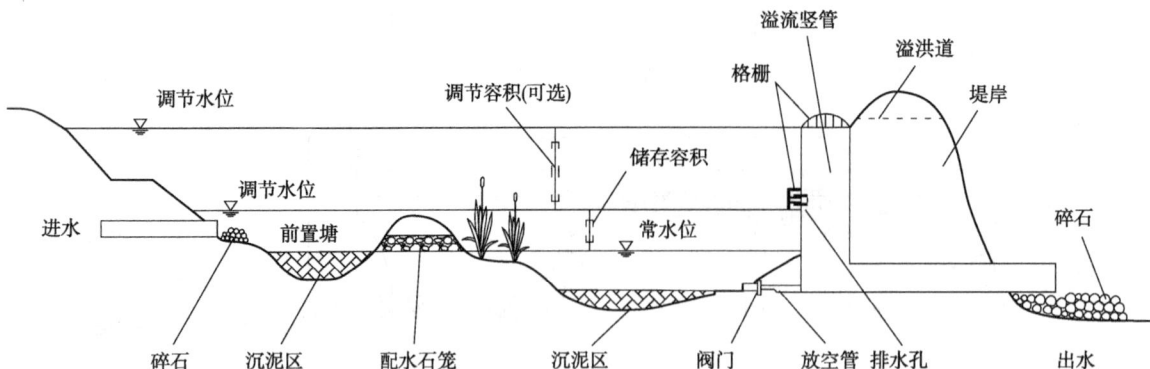

图6-9　湿塘典型构造示意图

［依《海绵城市建设技术指南——低影响开发雨水系统构建（试行）》改绘］

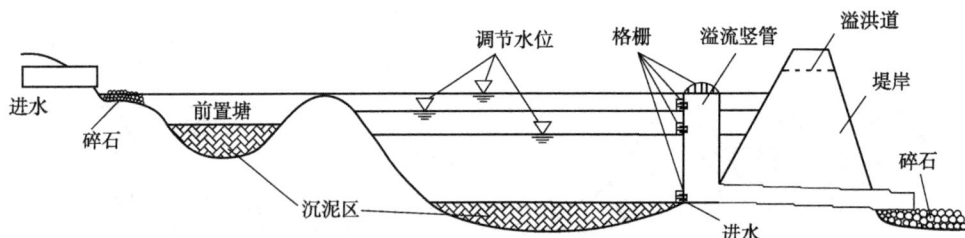

图6-10　调节塘典型构造示意图

［依《海绵城市建设技术指南——低影响开发雨水系统构建（试行）》改绘］

低影响开发单项设施往往具有多个功能，如生物滞留池可以削减面源污染，改善水环境质量，调蓄雨水径流，削减径流总量和延缓径流峰值，同时还可以增加渗透面积，补充地下水，缓解热岛效应，提供动植物栖息地，丰富生物多样性，设计良好的生物滞留池通过景观植物和设施的搭配可以美化环境。因此应根据设计目标灵活选用雨水景观设施及其组合系统，根据主要功能按相应的方法进行设施规模计算，并对单项设施及其组合系统的设施选型和规模进行优化。如多层住宅及办公建筑应做雨水立管断接，屋面径流雨水应由雨水管道断接流入滞留设施。大型屋面、高层屋面排水从安全角度考虑不宜做雨水立管断接，可以从检查井节点考虑接出进行雨水渗蓄。低影响开发雨水设施设计应根据当地实际情况各有侧重，如对于内涝与径流污染防治、雨水资源化利用等多种需求，其低影响开发雨水设施系统的设计应需要综合考虑六字方针，着重侧重于"渗、净、用"。对于城市面临水资源短缺的地区，要侧重于对雨水的利用，即侧重遵循"蓄"和"用"。对于城市面临水土流失严重或敏感区域，宜尽量减小地块开发对水文循环的破坏，侧重于遵循"渗"和"排"。

6.2.2.4 设施规模的确定

（1）计算原则

雨水景观设施的规模应根据控制目标及设施在具体应用中发挥的主要功能，选择容积法、流量法或水量平衡法等方法通过计算确定；按照径流总量、径流峰值与径流污染综合控制目标进行设计的雨水景观设施，应综合运用以上方法进行计算，并选择其中较大的规模作为设计规模；有条件的可利用模型模拟的方法确定设施规模。以径流总量控制为目标时，地块内各雨水景观设施的设计调蓄容积之和，即总调蓄容积（不包括用于削减峰值流量的调节容积），一般不应低于该地块单位面积控制容积的控制要求。计算总调蓄容积时，顶部和结构内部有蓄水空间的渗透设施（如复杂型生物滞留设施、渗管/渠等）的渗透量应计入总调蓄容积。调节塘、调节池、转输型植草沟、透水铺装和绿色屋顶等对径流总量削减没有贡献或贡献较小的，其调节容积不应计入总调蓄容积。

（2）一般计算

①容积法　雨水景观设施以径流总量和径流污染为控制目标进行设计时，设施具有的调蓄容积一般应满足"单位面积控制容积"的指标要求，设计调蓄容积一般采用容积法计算公式（6-1）。

$$V=10H\Psi F \quad (6-1)$$

式中　V——设计调蓄容积（m^3）；

　　　H——设计降雨量（mm）；

　　　Ψ——综合雨量径流系数，根据地貌特征确定；

　　　F——汇水面积（hm^2）。

②流量法　植草沟等转输设施，其设计目标通常为排除一定设计重现期下的雨水流量，可通过式（6-2）来计算一定重现期下的雨水流量。

$$Q=\Psi qF \quad (6-2)$$

式中　Q——雨水设计流量（L/s）；

　　　q——设计暴雨强度$[L/(s\cdot hm^2)]$。

③水量平衡法　主要用于湿塘、雨水湿地等设施储存容积的计算。设施储存容积应首先按照容积法进行计算，同时为保证设施正常运行（如保持设计常水位），再通过水量平衡法计算设施每月雨水补水水量、外排水量、水量差、水位变化等相关参数，最后通过经济分析确定设施设计容积的合理性并进行调整。

（3）以渗透为主要功能的设施规模计算

对于生物滞留设施、渗透塘、渗井等顶部或结构内部有蓄水空间的渗透设施，要考虑渗透量

的影响。对透水铺装等仅以原位下渗为主、顶部无蓄水空间的渗透设施，其基层及垫层空隙虽有一定的蓄水空间，但其蓄水能力受面层或基层渗透性能的影响很大，因此透水铺装可通过参与综合雨量径流系数计算的方式确定其规模。

①渗透设施有效调蓄容积　按式（6-3）进行计算：

$$V_s=V-W_p \quad (6-3)$$

式中　V_s——渗透设施的有效调蓄容积，包括设施顶部和结构内部蓄水空间的容积（m^3）；

　　　V——渗透设施进水量（m^3），参照容积法计算；

　　　W_p——渗透量（m^3）。

②渗透设施渗透量　按式（6-4）进行计算：

$$W_p=KJA_s t_s \quad (6-4)$$

式中　W_p——渗透量（m^3）；

　　　K——土壤（原土）渗透系数（m/s）；

　　　J——水力坡降，一般可取$J=1$；

　　　A_s——有效渗透面积（m^3）；

　　　t_s——渗透时间（s），指降雨过程中设施的渗透历时，一般可取2h。

渗透设施为水平渗透面，有效渗透面积A按投影面积计算，竖直渗透面按有效水位高度的1/2计算，斜渗透面按有效水位高度的1/2所对应的斜面实际面积计算，地下渗透设施的顶面积不计。

（4）以储存为主要功能的设施规模计算

雨水罐、蓄水池、湿塘、雨水湿地等设施以储存为主要功能时，其储存容积应通过容积法及水量平衡法计算，并通过技术经济分析综合确定。

（5）以调节为主要功能的设施规模计算

调节塘、调节池等调节设施，以及以径流峰值调节为目标进行设计的蓄水池、湿塘、雨水湿地等设施的容积应根据雨水管渠系统设计标准、下游雨水管道负荷（设计过流流量）及入流、出流流量过程线，经技术经济分析合理确定，调节设施容积按式（6-5）进行计算。

$$V = \max\left[\int_0^T \left(Q_{in} - Q_{out}\right)\right]dt \qquad (6\text{-}5)$$

式中 V——调节设施容积（m²）；

Q_{in}——调节设施的入流流量（m/s）；

Q_{out}——调节设施的出流流量（m/s）；

t——计算步长（s）；

T——计算降雨历时（s）。

（6）调蓄设施规模计算

具有储存和调节综合功能的湿塘、雨水湿地等多功能调蓄设施，其规模应综合储存设施和调节设施的规模计算方法进行计算。

（7）以转输与截污净化为主要功能的设施规模计算

植草沟具有转输与截污净化双重功能，设计中首先根据总平面图布置植草沟并划分各段的汇水面积，然后根据《室外排水设计标准》（GB 50014—2021）确定排水设计重现期，参考流量法计算设计流量，确定各设计参数。弃流设施的弃流容积应按容积法计算，绿色屋顶的规模计算参照透水铺装的规模计算方法，人工土壤渗滤的规模根据设计净化周期和渗滤介质的渗透性能确定，植被缓冲带规模根据场地空间条件确定。

思考题

1. 现代城镇雨洪管理的策略主要是什么？雨水景观营造与雨洪管理之间有什么联系？

2. 海绵城市的内涵和任务分别是什么？

3. 试述在低影响开发设施中如何选用各种类型的设施。

推荐阅读书目

1. 城镇雨洪管理与利用. 李家科，卢金锁，李亚娇. 中国建筑工业出版社，2022.

2. 雨水景观设计. 徐海顺，赵兵. 中国林业出版社，2022.

3. 系统化全域推进海绵城市建设的思考与实践. 马洪涛，周丹. 中国建筑工业出版社，2022.

4. 城市雨水花园营建理论及实践海绵城市理论结合实际的典型之作. 殷利华. 华中科技大学出版社，2019.

5. 海绵城市源头绿色基础设施适宜比选与布局优化理论与实践. 贾海峰. 长江出版社，2022.

第 **7** 章

园林绿地喷灌、微灌给水系统

灌溉工程建设应遵循绿地植物的耗水规律，保证各种植物正常生长，防止破坏绿地、损伤植物、损害园林建（构）筑物和附属设施的结构和外貌。园林绿地节水灌溉的内容包括水资源的合理开发利用、输配水系统的节水、绿地灌溉的节水、用水管理的节水等方面。以往的园林绿地工程采用地面灌溉或人工洒水，不但造成水的浪费，而且往往因不能及时灌水、过量灌水或灌水不足而难以控制灌水均匀度，对植物的正常生长产生不良影响，从而导致不必要的换苗、换草、土壤板结。《建筑给水排水与节水通用规范》（GB 55020—2021）、《国务院关于建设节约型城市园林绿化的意见》均规定要推广使用喷灌、微灌等先进节水技术，科学合理地调整灌溉方式，最大限度地节约各种资源，提高资源使用效率，减少资源消耗和浪费，获取最大的生态、社会和经济效益。本章针对园林绿地介绍喷灌、微灌节水灌溉给水系统的组成和工程设计。

7.1 系统分类及特点

7.1.1 系统分类

（1）按照灌溉系统作业过程中可移动程度的不同分类

按照灌溉系统作业过程中可移动程度的不同，可将喷灌系统分为固定式喷灌系统、半固定式喷灌系统和移动式喷灌系统。

①固定式喷灌系统 有固定的泵站，干管和支管都埋入地下，喷头既可固定于竖管上，也可临时安装。固定式喷灌系统的安装要用大量的管材和喷头，投资大，但喷水操作方便、用人工很少。固定式喷灌管道暗埋在土壤中，一方面不利于机耕，尤其是在平原地区，耕作时经常碰坏出地竖管；另一方面管线会在某种程度上限制植物根系发展，不易发现渗水管堵塞，不便于维修，因而不宜用于土壤渗透性很大和地面坡度很陡的场合。固定式喷灌适用于耕作不频繁的、地形起伏较大、灌水频繁、劳动力缺乏的绿地。

②半固定式喷灌系统 喷灌机、水泵和干管固定，而支管和喷头则可移动，常用于大田作物，适用于地面比较平坦的花圃和苗圃种植区域。

③移动式喷灌系统 除水源外，动力机、水泵、干管、支管和喷头等都可以移动，因而在一个灌溉季节里可以在不同地块轮流使用，既提高了设备利用率，又可以节省单位面积投资，但工作效率和自动化程度低，适用于水网地区的园林绿地、苗圃和花圃的灌溉。

（2）按照灌溉形式的不同分类

按照灌溉形式的不同，可分为喷灌系统和微灌系统。

①喷灌系统 是借助一套专门的设备、管道和喷头将具有压力的水喷射到空中，散成水滴，降落地面，均匀地喷洒到绿地、树木，供给植物水分的一种灌溉方式，近似于天然降水。

②微灌系统 是微水灌溉的简称，它是利用微灌系统设备按照植物需水要求，通过低压管道系统将植物生长所需的水和养分以较小的流量均

匀、准确地直接输送到植物根部附近的土壤表面或土层中，使植物根部的土壤经常保持在最佳水、肥、气状态的灌水方法。

微灌按照末端灌水器灌水时水流出流方式的不同，又可分为滴灌系统、微喷灌系统、小管出流灌、涌泉灌系统等。

滴灌系统　利用安装在末级管道（称为毛管）上的滴头或与毛管制作成一体的滴灌带（或滴灌管），将压力水以水滴状湿润土壤，形成连续细小水流湿润土壤。通常将毛管和灌水器放在地面，也可以把毛管和灌水器埋入地面以下约 10cm 处。前者称为地表滴灌，后者称为地下滴灌。

微喷灌系统　利用直接安装在毛管上或与毛管连接的灌水器（即微喷头），将压力水以喷洒状的形式喷洒在植物根区附近的土壤表面的一种灌水形式，简称微喷。

小管出流灌　是利用小管出流器等设备，以细流的形式湿润绿地土壤的灌水方法。

涌泉灌系统　又称小管灌溉，是通过置于植物根部附近的涌泉头或小管向上涌出的小水流或小涌泉将水灌到土壤表面。灌水流量较大，远远超过土壤的渗吸速度，因此通常需要在地表形成小水洼来控制水量的分布，其特点是出流孔口较大，不易被堵塞。

喷灌、微灌的确定应根据喷灌区域的浇洒管理形式、地形地貌、当地气象条件、水源条件、绿地面积、土壤渗透率、植物类型和水压等因素选择。微灌易造成土壤中的盐分积累，对水质的要求较高，因此，土壤易板结的绿地不宜采用渗灌的浇洒方式；喷灌适用于植物集中连片的场所；微灌系统适用于植物小块或零碎的场所；绿地浇洒采用中水时，宜采用以微灌为主的浇洒方式，避免水中微生物在空气中传播；人员活动频繁的绿地，宜采用以微灌为主的浇洒方式，不宜采用滴灌形式；乔、灌木和花卉宜采用以滴、微灌等为主的方式。

（3）按照控制方式的不同分类

按照控制方式的不同，可分为手控型喷灌系统和程控型喷灌系统。

①手控型喷灌系统　是指人工启闭闸阀的喷灌系统。手控型喷灌系统成本低，但系统不便于操作管理，绿地的养护质量受个人因素影响较大，不便实现智能化控制和区域性集中控制。

②程控型喷灌系统　是指闸阀的启闭是依靠预设程序控制的喷灌系统。系统的运行程序由园林专家根据植物需水要求和气象条件事先设置，从而可以在使用中有效地避免人为因素对绿地养护的不利影响。系统操作简单、省时、省力，有利于提高绿地的养护质量，实现绿地的高效管理。

（4）按照供水方式的不同分类

按照供水方式的不同，可分为自压型喷灌系统和加压型喷灌系统。

①自压型喷灌系统　是指水源的压力能够满足喷灌系统的设计要求，不需要进行加压的喷灌系统，常见于以市政或局域管网为喷灌水源的场合，多用于小规模园林喷灌系统。

②加压型喷灌系统　当水源是具有自由表面的水体，或水压不能够满足喷灌系统的设计要求时，需要在喷灌系统中设置加压设备，以保证喷头足够的工作压力，就是加压型喷灌系统，常见于以江、河、湖、溪、井等水体或再生水作为喷灌水源的场合。

7.1.2　系统特点

喷灌灌溉质量高，节水性能好，通过供水管道实现水的输送，一方面便于严格控制土壤水分，可以控制喷水量和均匀性，使土壤湿度维持在作物生长最适宜的范围，提高土地利用率；另一方面可以节水，其中，喷灌比地面漫灌节约水量 30%~50%，比普通浇水灌溉节约水量 40%~60%；微灌比普通浇水喷灌节约水量 50%~60%，节水效果更明显（刘洪禄 等，2006）。

喷灌系统中管道埋设在土壤中，通过压力流供水，对土壤和地形适应性强，便于自动控制水压和水量，节省大量人力、物力；而且喷灌将水喷射到空中，还能增加环境湿度，改善微气候，营造景观效果，使用范围广。微灌虽然不能增加环境湿度，但灌水量和灌溉范围的可控性强，渗灌系统运行时不影响养护作业。

喷灌系统投资较高，耗能较大，技术要求高，如果设计不合理，施工不规范，容易出现漏喷和弱喷现象，有时仅仅湿润了表面，而下层无水，不像地面灌溉那样容易直观判断，因此必须靠符合规范标准的设计和严格的运行管理制度来保证。

喷灌效果受风向、空气湿度等气象参数影响较大，系统将水喷到空中再落入土壤，水柱在空中会受到风的影响导致飘移和蒸发损失。当风速在 5.5~7.9m/s，即四级风以上时，风会吹散雨滴，大幅降低灌溉均匀性。根据美国得克萨斯州西南大平原研究中心的试验数据，当风速小于 4.5m/s（三级风）时，蒸发飘移损失小于 10%；当风速增至 9m/s 时，损失达 30%。因此，为了减小风的干扰，可根据风向、风速情况选择适当的喷头布置，如缩小喷头间距，使支管顺风向等，特别是当风速超过 4.5m/s（三级风）时，应按《喷灌工程技术规范》（GB/T 50085—2007）规定停止喷灌。空气湿度会影响喷洒水蒸发，是影响喷灌耗水量的重要因素，在空气湿度过低时，蒸发损失加大。对我国宁夏、陕西、云南、河南、湖北、北京、福建、新疆八个省（自治区、直辖市）统一实测发现，在相对湿度为 30%~62%、风速为 0.24~6.39m/s 的情况下，喷洒水损失为 7%~28%。因此，日间空气相对湿度过低时，可考虑在晨间、傍晚或夜间喷灌，一方面是因为白天喷灌蒸发损失大，一般夜晚喷灌能比白天少消耗 10% 以上的水量；另一方面是有些绿地白天不允许喷洒，如高尔夫球场进行比赛、公园娱乐区进行文娱活动等。

对于一个灌溉工程是否选择喷灌或微灌，主要考虑经济、技术和社会条件。经济条件是比较建设费用（包括水源、平整土地、管道敷设）、管理费用及投资效益；技术条件包括水量、输配水设施、灌溉效率、作物种类和种植结构、经济价值、地形、地表、土质、气候（风、雨、温度）等；社会条件包括土地所有权、生产所有制形式、劳动力、劳动力报酬、农业对国民经济的影响、社会效益分析等。除此之外，还要考虑人们对喷灌的认识和接受程度。园林绿地是为改善环境、增加美感、陶冶性情等目的而建设的，在满足绿地需水要求的同时，需充分注意景观和环境效果，因此，要求园林植物最好常年皆绿，每年只需整形修剪而不必种植，对喷水水质和喷洒质量要求较为严格，特别是对观赏性较高的植物和高尔夫球场的草皮，要求喷灌均匀度较高，如有漏喷或喷洒过量，都会造成严重损失。精心设计的喷灌或微灌系统，通过正确选择喷头和喷点的布置，采用先进的控制系统提高自动化程度，不仅能满足园林绿地需水要求，节约人力和水资源，而且在灌水时可以形成水的动态景观效果。

7.2　园林绿地喷灌、微灌系统设计

喷灌系统设计内容包括基本资料收集，灌溉用水量及水源工程设计，系统选型及喷头、管网布置，管网水力计算，自动控制设计，主要材料设备计划与投资费用概预算，施工安装与管理等。设计成果包括灌溉平面布置图、安装细部图、材料单等。本教材主要介绍园林绿地中常用的固定式喷灌系统的设计。

7.2.1　系统组成及选择

园林绿地节水喷灌系统通常根据园林植物的种类采用喷灌和微灌组合的方式，根据系统的供水要求，系统组成包括喷灌水源、首部枢纽及控制系统、管网和灌水器（图 7-1）。

7.2.1.1　水源

水源应该满足喷灌系统对水质和水量的要求，水源条件对于喷灌系统的规划设计至关重要。系统的水源可以是市政或局域供水管网，也可以是井、泉、湖泊、池塘、河流和渠道等自然水源。我国是一个水资源短缺的国家，人均水资源量约为世界平均水平的 1/4。据预测，到 2030 年全国城市绿地灌溉年需水量为 82.7 亿 m^3，约占城市总需水量的 6%，《民用建筑节水设计标准》（GB 50555—2010）要求浇洒系统水源应优先选择雨水、中水等非传统水源。采用地表水作为水源时，水质满足《农田

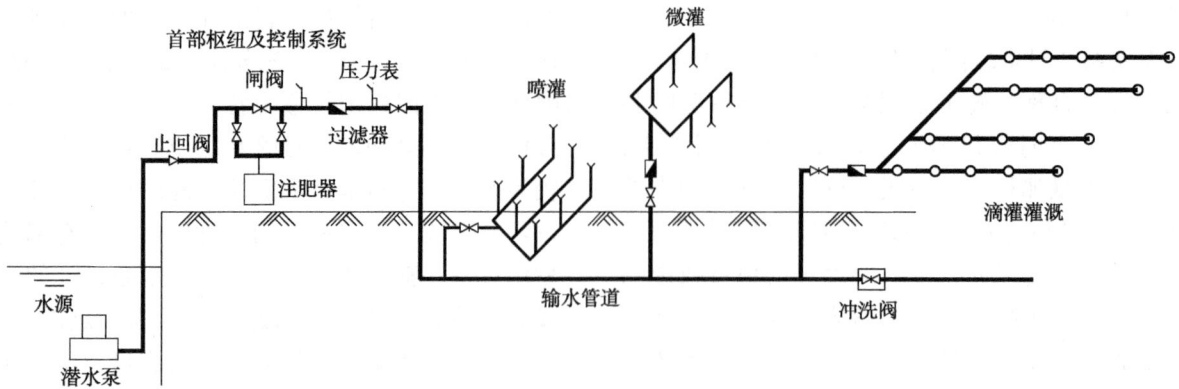

图7-1 喷灌系统组成

灌溉水质标准》（GB 5084—2021）的规定。采用非传统水源作为浇洒系统水源时，水质应符合现行国家标准《城市污水再生利用　景观环境用水水质》（GB/T 18921—2019）和《城市污水再生利用　城市杂用水水质》（GB/T 18920—2020）的规定，应避免对公共卫生造成威胁。水源必须洁净，无泥沙、杂草及有机物等杂质，以避免引起喷头的堵塞。当水中含有泥沙、悬浮固体、有机物等杂质时，为了防止堵塞喷灌系统管道、阀门和喷头，在多沙河道取水时应在系统首部设置沉淀过滤设施。

进行系统的规划设计时，必须通过现场的勘察，对不同的水源进行比较和分析，根据园林绿地需水量要求和特点，选择技术上可行、经济上合理的供水方案。水源水量以地下水为水源的系统工程其系统设计保证率不应低于90%，其他情况不应低于85%。

7.2.1.2　首部枢纽及控制系统

首部枢纽位置宜选在水源地取水方便、基础稳固处，其作用是从水源取水，并对水进行加压、水质处理、肥料注入和系统控制，一般包括动力设备（水泵）、过滤设备、施肥器、泄压阀、逆止阀、水表、压力表以及控制设备。

（1）动力设备（水泵）

当使用地下水或地表水作为喷灌用水或者市政管网水压不能满足喷灌的要求时，需要使用加压设备为喷灌系统供水，以保证喷头所需工作压

力。常用的加压设备是各类水泵，如离心泵、井用泵、小型潜水泵等。水泵的性能主要包括扬程、流量功率和效率等，设计时应根据水源条件和喷灌系统对水量、水压的要求等具体情况进行选择。

（2）过滤设备

系统常用的过滤设备有离心过滤器、砂石过滤器、网式过滤器和叠片过滤器。过滤设备的类型不同，其工作原理及适用条件也各不相同，设计时应根据喷灌水源的水质条件进行合理选择。

（3）控制设备

控制设备是系统的指挥体系，其技术含量和完备程度决定着喷灌系统的自动化程度和技术水平。根据控制设备功能与作用的不同，可将其分为状态性控制设备、安全性控制设备和指令性控制设备。

①状态性控制设备　是指喷灌系统中能够满足设计和使用要求的各类阀门，它们的作用是控制喷灌管网中水流的方向、速度和压力等状态参数。按照控制方式的不同，可将这些阀门分为手控阀（如闸阀、球阀和快速连接阀）、电磁阀（包括直阀和角阀）与水力阀。

②安全性控制设备　是指保证喷灌系统在设计条件下安全运行的各种控制设备，如减压阀、调压孔板、逆止阀、空气阀、水锤消除阀和自动泄水阀等。

③指令性控制设备　是指在喷灌系统的运行和管理中起指挥作用的各种控制设备，其中包括各种控制器、遥控器、传感器、气象站和中央控

制系统等。指令性控制设备的应用使喷灌系统的运行具有智能化的特征，不仅可以降低系统运行和管理的费用，还能提高水的利用率。控制电缆即传输控制信号的电缆，它由缆芯（多为铜质）、绝缘层和保护层构成。

7.2.1.3　管网和灌水器

管网是将压力水输送并分配到所需灌溉的绿地区域的部分，包括干管、支管、毛管、排气阀、限压阀、泄水阀。管材和管件在系统中起着纽带的作用，它们将喷头、闸阀、水泵等设备按照特定的方式连接在一起，构成系统管网，以保证喷灌的水量供给。喷灌系统的末端出水设备是喷头，出水具有较大的压力；微灌输配水管网包括干管、支管和毛管三级管道以及各种控制、调节阀门和安全装置；微灌系统的末端出水设备有涌泉、小管出流灌、微喷带等多种形式。灌水器还包括用于临时取水的取水阀。

在设计系统前，首先，要熟悉园林的布局，一般选择比例尺为 1∶200~1∶100 的园林布置图，图上应标有草地边界、建筑物（包括窗户和门的位置）、灌木、乔木、树篱、花坛、小路、电线杆、围墙等的形状、高度与位置及其他的地貌特征，在有斜坡面时要注明坡度，以及不允许喷洒的地方（如对着草坪的窗户等）。其次，根据灌溉用水量确定水源及取水工程。灌溉用水量与灌区气候（风速、光照、湿度等）、土壤、面积和植物类型密切相关，不同植物的耗水特性、不同土壤对水的渗吸速度和保水能力，土壤容重和质地、田间持水量等均不同，要结合实际工程中植物类型和种植参数确定。再次，是系统选型及喷头、管网布置，正确分区，确定管道走向和阀门位置，满足灌溉质量要求，这些都关系着系统的造价和灌溉效率。最后，根据已定的管网布置和灌溉制度进行水力计算，确定管道和阀门的尺寸，并计算系统所需总压力。系统设计还要和电气专业配合，结合区域运行特点和灌溉制度进行自动控制设计，包括自动灌溉控制器设计选型、布设控制线、计算控制线尺寸等。

7.2.2　灌溉用水量及水源确定

园林绿地全年灌水总量称为年灌水量，不仅与植物种类、水文和气象条件有关，也与当地水资源状况和绿地养护等级有关。年灌水量是园林绿地灌溉工程选择水源的重要依据，设计保证率不应低于 75%。灌溉管网系统的设计还应满足绿地需水高峰期的日需水量，即按最不利的条件设计，选取特定气象条件下的最高日需水量，以使系统有足够的供水能力。系统设计流量取决于植物单次灌溉需水量及灌溉时间，是管路系统设计的依据。

（1）根据绿地面积估算日用水量

《室外给水设计标准》（GB 50013—2018）中4.0.6 规定，浇洒道路和绿地用水量应根据路面、绿化、气候和土壤等条件确定，在资料不足时，浇洒绿地用水量可按浇洒面积以 1.0~3.0L/（m²·d）计算，因此，在初步设计阶段可以根据绿地面积采用直接估算方式确定灌溉用水量。

（2）根据植物需水量确定单次灌溉用水量

植物的耗水过程是植物根系从土壤中吸取水分、养分，流经茎干、枝条和叶子，其中大约不到 1% 的水分被植物本身利用，用于植物的光合作用形成有机物（主要是碳水化合物），而 99% 以上的水分通过叶子表面的气孔以水汽形式蒸腾到大气中。因此植物的需水量主要是植物蒸腾量，根据气候、植物类型和管理环境条件等确定，实际设计时，以参考作物腾发量为计算基础（参考相关文献），并考虑气象、植物种类、城市微气候等因素。参照美国灌溉协会（IA）的做法，在计算园林绿地植物设计需水量时，引入景观系数以代替农业灌溉中的作物系数。这是因为景观系数可随植物密度、城市微气候（如朝阳或背阴处不同）而进行调整，典型植被类型种类参数、密度参数、小气候参数取值见表 7-1 所列。植物需水量按下式计算：

$$P_{WR}=ET_0K_L \qquad (7\text{-}1)$$

$$K_L=K_SK_{mc}K_d \qquad (7\text{-}2)$$

式中　P_{WR}——植物需水量（mm/d）；

ET_0——参考作物需水量或潜在腾发量（mm/d）；

K_L——景观系数；

K_S——植物种类参数；

K_{mc}——影响植物气候参数；

K_d——植物密度参数。

植物需水量也可根据不同植物设计耗水强度确定，见表7-2所列。

表7-1　典型植被类型种类参数、密度参数、小气候参数取值表［《美国国家灌溉工程手册》，1998］

植被类型	种类参数（K_S）			密度参数（K_d）			小气候参数（K_{mc}）		
	高	中	低	高	中	低	高	中	低
乔　木	0.9	0.5	0.2	1.3	1.0	0.5	1.4	1.0	0.5
灌　木	0.7	0.5	0.2	1.1	1.0	0.5	1.3	1.0	0.5
地被植物	0.7	0.5	0.2	1.1	1.0	0.5	1.2	1.0	0.5
乔灌草复合体	0.9	0.5	0.2	1.3	1.1	0.6	1.4	1.0	0.5
草坪草	0.8	0.7	0.4	1.0	1.0	0.6	1.2	1.0	0.5

表7-2　植物设计耗水强度参考值［《园林绿地灌溉工程技术规程》（CECS 243：2008）］

植物类别	喷灌	微灌			
		涌泉灌	微喷灌	滴灌	小管出流灌
乔　木	—	3~6	3~6	2~4	2~5
灌　木	4~7	4~7	4~7	3~5	3~6
冷季型草	5~8	—	5~8	—	—
暖季型草	3~5	—	3~5	—	—

（3）根据设计灌水定额确定单次灌溉用水量

设计灌水定额是指一次灌水的水层深度（单位为 mm）或一次灌水单位面积的用水量（单位为 m^3/hm^2），旨在使灌溉区获得合理的灌水量，即使被灌溉的植被既能得到足够的水分，又不造成水的浪费。设计灌水定额可采用以下两种方法求取：

①根据土壤田间持水量资料计算　土壤田间持水量是指在排水良好的土壤中，排水后不受重力影响而保持在土壤中的水分含量，通常以占干土重量的百分比表示，常见土壤质地的容重及田间持水量见表7-3所列。植物主要根系活动层土壤的田间持水量对于确定灌水时间和灌水水量是一个重要指标。由于重力作用，土壤含水量如超过田间持水量，多余的水形成重力水下渗，不能为植物所利用，土壤湿度占田间持水量的80%~100%，一般认为是最适宜的湿度，所以认定为灌水的上限；当土壤含水量低于田间持水量的60%~80%时，植物吸水困难，为了避免植物萎蔫枯死，需要给土壤补充水，以此作为灌水的下限。

据此可以应用土壤的田间持水量、容重和植物根系活动深度等因素确定设计灌水定额。设计一次灌水定额的计算公式为：

$$m_d = \frac{0.1\gamma h(\beta_{max} - \beta_{min})}{\eta} \qquad (7-3)$$

式中　m_d——设计一次灌水深度（mm）；

γ——土壤容重（g/cm^3），见表7-3所列；

h——计算土层厚度，即植物主要根系活动层深度（cm），草坪、花卉可取 $h=20~30cm$；

β_{max}——按体积比计算的适宜土壤含水率上限（%），一般取田间持水量的80%~100%；

β_{min}——按体积比计算的适宜土壤含水率下限（%），一般取田间持水量的60%~80%；

η——灌溉水利用系数，一般喷灌为0.82左右，滴灌为0.90左右。

表 7-3 几种常见土壤的容重和田间持水量（丁文铎，2000）

土壤质地	土壤容重	田间持水量		土壤质地	土壤容重	田间持水量	
		重量（%）	体积（%）			重量（%）	体积（%）
紧砂土	1.45~1.60	16~22	26~32	重壤土	1.38~1.54	22~28	32~42
砂壤土	1.36~1.54	22~30	32~42	轻黏土	1.35~1.44	28~32	40~45
轻壤土	1.40~1.52	22~28	30~36	中黏土	1.30~1.45	25~35	35~45
中壤土	1.40~1.55	22~28	30~35	重黏土	1.32~1.40	30~35	10~50

设计一次灌水量可以用灌溉区域面积和设计灌水定额确定。

②通过设计土壤湿润比来确定 漫灌和喷灌是全面灌溉，微灌可以是全面灌溉，也可以是局部灌溉。局部灌溉并不能使灌区内所有土壤都达到均匀的持水量，因此在局部灌溉中引入土壤湿润比的概念，即在计划湿润层内，湿润土体与总土体的体积比，通常用地表下 20~30cm 深度的湿润面积与总面积的比值表示。设计土壤湿润比不仅要考虑作物对水分的需求，还要考虑到工程的投资。土壤湿润比越大，越易满足作物需水要求，但投资越高。微灌设计中为灌木和草坪土壤湿润比均按 100% 考虑；乔木的土壤湿润比，设计为涌泉灌时按 20%~40% 考虑，设计为微灌时按 30%~50% 考虑；设计为滴灌，乔木的土壤湿润比按 20%~30% 考虑。设计一次灌水定额为：

$$m_d = \frac{0.1zp(\beta_{max} - \beta_{min})}{\eta} \quad （7-4）$$

式中 m_d——设计一次灌水深度（mm）；

z——设计计划土壤湿润层深度（mm）；

p——设计土壤湿润比（%）；

其他参数同式（7-3）。

设计一次灌水量可以用灌溉区域面积和设计一次灌水深度确定。

（4）喷灌延续时间及灌水周期

①一次灌水延续时间 灌水总用水量根据灌水延续时间内的总用水量确定。灌水延续时间主要取决于系统的组合喷灌强度和土壤的持水能力，即田间持水量。一般砂性较大的土壤渗透强度大，而田间持水量小，故一次灌水的延续时间短，但

灌水次数多、间隔短，即需少灌、勤灌；反之，对黏性较大的土壤，则一次灌水的延续时间长，但灌水次数少。采用测定土壤水分的仪器，可以更加科学地确定灌水延续时间。目前在工程上常用的仪器有电子土壤水分测试仪和张力计。

设计喷灌一次灌水延续时间为：

$$t = \frac{1000m_d}{P} \quad （7-5）$$

式中 t——设计一次灌水延续时间（h）；

m_d——设计一次灌水深度（mm）；

P——喷灌强度（mm/h）。

设计微灌一次灌水延续时间为：

$$t = \frac{m_d S_e S_1}{q_d} \quad （7-6）$$

式中 t——设计一次灌水延续时间（h）；

S_e——灌水器间距（m）；

S_1——管间距（m）；

q_d——灌水器设计流量（L/h）。

②灌水周期 即灌水间隔或灌水频率，除与土壤性质有关外，主要取决于灌溉植物本身。灌水过于频繁，会使植物病虫害发病率高，根系层浅，抗践踏性差，生长不健壮；而灌水间隔时间太长，灌溉植物会因缺水而使正常生长受到抑制，从而影响植物观赏价值。设计灌水周期为：

$$T = \frac{m_d}{E_d} \eta \quad （7-7）$$

式中 T——设计灌水周期（d）；

E_d——设计耗水强度（mm/d），应由试验确定。无实测资料的地区可参照表 7-3 确定。

以上公式计算得出的数值只是为提供设计依据的粗略估算，因为作物耗水量资料本身就是很粗略的，并不能完全反映某个具体灌溉地块的情况，所以最好辅以对土壤水分经常性测定工作，以掌握适宜的灌水时间。目前我国农业灌溉、大田作物设计喷灌周期常采用 5~10d，蔬菜为 1~3d，绿地的灌溉周期可参考以上数据。灌水计划不是一成不变的，应根据不同季节以旬或月为单位制订，但在实际执行时需参照实际灌水效果和天然降雨情况随时加以调整。灌区年用水量尚需要结合当地降雨条件进一步确定。

7.2.3 管网布置及灌溉制度

本教材主要以喷灌系统为例介绍管网布置及灌溉制度。喷灌喷头及管线的布置需要结合绿化设计图进行，充分考虑地形地貌、地质、绿化种植和园林设施对喷洒效果的影响，以安全、经济和方便管理为原则，通过技术、经济比较来确定，力求做到喷头及管线布置的合理性，满足喷灌强度、均匀性和水滴打击强度等指标要求，保证植物良好生长以满足景观要求。

7.2.3.1 喷灌喷头

喷头是喷灌系统中的重要设备，一般由喷体、喷芯、喷嘴、滤网、弹簧、止溢阀等部分组成。为了达到喷灌系统的设计和使用的要求，选用的喷头首先能在设计工作压力下，将连续水流破碎成细小水滴，具有良好的雾化能力；其次还要满足在设计工作压力和无风条件下，具有一定的水量分布规律；最后，喷头在室外工作，材质要具有良好的抗老化、耐腐蚀和抗机械冲击等性能，结构合理、使用方便、经久耐用。

（1）喷头参数

喷头从水力学角度是一种孔口出流，其参数包括工作参数和性能参数。

①工作参数 是指喷头的工作压力、喷嘴直径、喷洒角度、喷洒仰角。工作压力是指喷头工作时，喷头进口处的压力，单位为 kPa 或 mH$_2$O。喷嘴直径为接管直径。喷洒角度是喷水的平面特征，

视喷头的类型和附属设备的不同可有多种，如全圆喷洒、扇形喷洒、矩形喷洒、带状喷洒等，在规则式地块中主要使用全圆喷洒，而在绿地边缘则使用扇形喷洒。喷洒仰角是射流轴线与水平面的夹角，影响着射水量和喷洒水量的分布。喷头位于平地时采用标准射角 20°~30°；位于坡地的低处时采用 30°~40° 的射角；位于坡地的高处时采用 7°~20° 的射角。安装在绿地边界处的喷头，应选择可调角度或固定角度的喷头以避免水喷出边界。

②性能参数 是指喷头流量、喷灌强度、喷头射程、雾化指标。射程指喷头额定工作压力时水流所能喷到的最远距离，也叫喷洒半径。喷灌强度是指单位时间内喷洒在灌溉土地上的水深，一般用符号 P 表示，其单位为 mm/h。射程和流量均由工作压力和口径确定。对于旋转式喷头，喷头射程是指雨量筒收集的水深为 0.3mm/h 的那一点到喷头的距离。通常喷洒半径随工作压力及喷嘴尺寸的增大而增大，它是决定喷头间距的重要依据之一。雾化指标是工作压力和喷嘴直径的比值，某种程度上反映了不同喷嘴形式造成的水滴大小及水滴打击强度，便于实际应用。

（2）喷头分类

喷头可按非工作状态、工作状态和射程来分类。

①按非工作状态分类 可分为外露式喷头和地埋式喷头。

外露式喷头 是指非工作状态下暴露在地面以上的喷头，构造简单，价格便宜，使用方便，对供水压力要求不高，但其射程、射角及覆盖角度不便于调节且有碍园林景观，一般用在资金不足或喷灌技术要求不高的地方。

地埋式喷头 又称升降式喷头，是指非工作状态下埋藏在地面以下的喷头。工作时，喷芯部分在水压的作用下伸出地面，高出地面一定高度进行喷灌。不喷灌时，关闭水源，水压消失，喷芯在弹簧的作用下又缩回地下。根据植物高度，一般草皮区域升起高度为 5cm，花卉种植区域升起高度为 10cm、15cm、30cm 等。地埋式喷头构造复杂，工作压力较大，其最大优点是不影响园林景观效果，不妨碍活动，射程、射角及覆盖角

度等性能易于调节，雾化效果好，适合于不规则区域的喷灌，能够更好地满足园林绿地和运动场草坪的专业喷灌要求。

②按工作状态分类　可分为固定式喷头和旋转式喷头。

固定式喷头　是指工作时喷芯处于静止状态的喷头，又称散射式喷头，工作时有压水流从预设的线状孔口喷出，同时覆盖整个喷洒区域。固定式喷头构造简单、工作可靠、使用方便，是庭园和小规模绿地喷灌系统的首选产品。

旋转式喷头　是指工作时边喷洒边旋转的喷头。喷头的射程、射角和覆盖角度均可以调节。这类喷头对工作压力的要求较高，喷洒半径较大。旋转式喷头的结构形式很多，可分为摇臂式、叶轮式、反作用式等。旋转式喷头工作压力一般为150~350kPa，可以作全圆喷洒，也可以作扇形喷洒，射程一般比固定式喷头大，比较适用于面积较大的开阔草坪。

③按射程分类　可分为近射程喷头、中射程喷头和远射程喷头。近射程喷头的射程小于8m，工作压力低，只要设计合理，市政或局部管网压力就能满足其工作要求；中射程喷头的射程为8~20m，适用于较大面积园林绿地的喷灌；远射程喷头的射程大于20m，工作压力较高，一般需要配置加压设备，以保证正常的工作压力和雾化效果，多用于大面积观赏绿地和运动场草坪喷灌。

喷头选型是在适用于绿地喷灌的满足雾化程度要求的产品中进行的，根据灌区地形、土壤、作物、水源和气象条件以及喷灌系统类型，通过技术、经济比较，优化选择。同一轮灌区内的喷头宜选用同一型号，优先采用低压喷头；草坪宜采用地埋式喷头；当喷灌区域地貌复杂、构筑物较多，且不同植物的需水量相差较大时，采用近射程喷头可以较好地控制喷洒范围，满足不同植物的需水要求；反之，当绿地空旷、植物种类单一时，采用中、远射程喷头可以降低工程造价。喷洒射角的大小取决于地面坡度、喷头的安装位置和当地在喷灌季节的平均风速。当存在地面坡度，喷头的位置处于坡地的低处和边界时，宜采用高射角喷头；当喷头的位置处于坡地的高处和边界时，宜采用低射角喷头，增加有效的喷洒距离。在喷灌季节里，在当地的平均风速较小时可以使用普通或高射角喷头，以获得正常或较大的单喷头覆盖，反之，当平均风速较大时则应使用低射角喷头，这样可以减少风对喷灌的影响。

（3）喷头水量分布

将喷头置于一个固定的点上，沿着湿润面积的半径等间距地放上盛水容器，喷洒一定时间后，测量每个容器中水的深度，即可绘出水量分布图，单个喷头工作时，水分在土壤中的入渗深度如图7-2所示，距离喷头的不同位置的灌区获得的水量呈线性变化，即靠近喷头的区域水量多，远离喷头的区域水量少，这就造成了喷水的不均匀性。影响喷头水量分布的因素包括喷头结构、风的影响、压力的影响及旋转速度。喷头在额定工作压力下的水量分布图可以从喷头产品样本中获得。

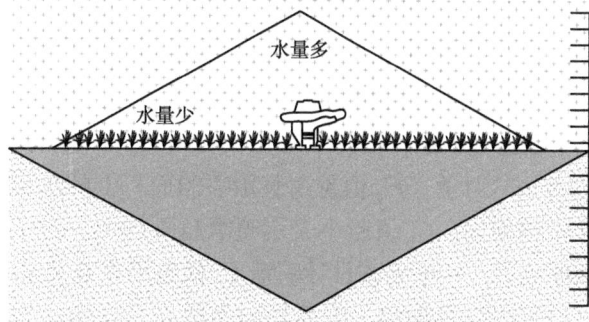

图7-2　喷头喷水水量分布图
（依《城市绿地喷灌》改绘）

单喷头水量分布是不均匀的，在喷灌半径50%~60%内，即使各喷头水量不重叠，灌水量也能充分满足植株生长需求，而在喷灌半径60%以外（即喷头射程的后40%部分），随着距离的增大，水量越来越小，便不能满足植物的生长需要，因此在灌溉较大面积时单靠一个喷头是不行的。

7.2.3.2　喷头布置

（1）喷灌质量技术参数

喷灌系统设计时需要经过分析单个喷头的水量分布，通过喷头组合，获得一定的水量重叠以满足喷灌质量要求，具体包括喷灌均匀度、喷灌强度和水滴打击强度等参数。

①喷灌均匀度　喷灌均匀度即喷灌面积上水量分布的均匀程度，主要针对喷灌而言，对应的参数称为喷灌均匀系数，根据测定降落到地面的水量分布计算，图7-3所示为组合喷灌均匀度示意图。

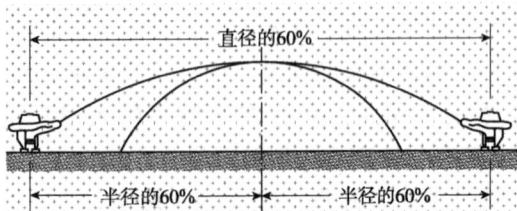

图7-3　组合喷灌均匀度示意图
（依《城市绿地喷灌》改绘）

$$C_u = 1 - \frac{\Delta h}{h} \qquad (7-8)$$

式中　C_u——喷灌均匀系数；

h——喷洒水深的平均值（mm）；

Δh——喷洒水深的平均离差（mm）；

根据《喷灌工程技术规范》（GB 50085—2007）4.2.2公式计算。C_u值越大表示喷洒面积上的水量分布越均匀，C_u值越小表示喷灌越不均匀。对于草坪来讲，一般要求设计喷灌 C_u 值范围在 0.75 以上，否则容易漏喷。喷灌均匀系数在设计中可通过控制喷头的组合间距，喷头的喷洒水量分布和喷头工作压力来调整。

微灌均匀系数是以灌水器出流量计算的，微灌是局部灌溉，不存在水量重新分配的情况。因此，一般认为微灌均匀系数取值应比喷灌均匀系数取值高。设计微灌均匀系数计算不应低于 0.8。实测微灌均匀系数可用式（7-9）计算：

$$C_{uw} = 1 - \frac{\Delta q}{q} \qquad (7-9)$$

式中　C_{uw}——喷灌均匀系数（%）；

q——灌水器流量平均离差（L/h）；

Δq——田间实测的各灌水器流量的平均值（L/h）。

②喷灌强度　通常是组合喷头喷灌强度，由喷头布置形式确定。

$$P = \frac{1000Q}{A} \qquad (7-10)$$

式中　P——设计喷灌强度（mm/h）；

Q——组合喷洒喷头的流量和（m³/h）；

A——组合喷头同时喷洒时地面上的湿润面积（m²）。

喷灌强度如果过大，超过土壤入渗速度，会产生地面积水和径流，造成水资源浪费，同时土壤也会板结或因结构被冲刷破坏，因此喷灌强度不应大于土壤入渗速度。土壤入渗速度除与土壤质地有关以外，还随水滴大小、水滴降落速度和喷洒水深变化而变化，但目前在我国还没有足够的试验资料可以确定在各种情况下的土壤入渗速度数值，设计实践中一般采用国际上通用的对允许喷灌强度的规定，砂土允许喷灌强度 20mm/h，砂壤土允许喷灌强度 15mm/h，壤土允许喷灌强度 12mm/h，黏壤土允许喷灌强度 10mm/h，黏土允许喷灌强度 8mm/h。当地面坡度为 5%~8% 时，允许喷灌强度折减 20%；当坡度为 9%~12% 时，允许喷灌强度折减 40%；当坡度为 13%~20% 时，允许喷灌强度折减 60%；当坡度大于 20% 时，允许喷灌强度折减 75%。行喷式喷灌系统的设计喷灌强度可略大于土壤的允许喷灌强度，其限制条件是不得出现地面径流，但是喷洒过程中允许地面出现当时渗不下去而过后能很快渗入的小水注，这样既能确保表土结构不被水流侵蚀破坏，又能提高喷灌的效率。

③水滴打击强度　即单位面积内水滴对土壤或植物的打击动能，也就是单位时间内，单位受水面积所获得的水滴撞击能量，它与水滴大小、降落速度和密集程度有关。水滴打击强度太大，会损坏植物，破坏土壤团粒结构，造成土壤板结。在喷灌系统的规划设计中，对水滴打击强度的要求是不损害植物和不破坏土壤团粒结构，比较理想的方法是直接根据作物、土壤等因素确定允许打击强度（或能量），并依此确定喷头的工作参数范围。水滴打击强度应以水滴直径来控制，即落在地面或植物叶面上水滴的直径，但采用直径作

为标准也不现实，主要是采用多大直径（如平均直径、中数直径、某部位的直径等）的水滴，目前国内外都无定论，无法统一规定，测定雨滴直径的方法也多种多样，不便于统一。实际工程中根据作物种类确定相应喷头类型。

$$W_h = \frac{h_p}{d} \quad (7-11)$$

式中　W_h——喷灌的雾化指标，反映水滴打击强度，蔬菜及花卉为 4000~5000，粮食作物、经济作物及果树为 3000~4000，饲草料作物、草坪为 2000~3000（雾化指标不能如实地反映不同喷嘴形状和不同的粉碎装置之间的差异）；

h_p——工作压力（mH_2O）；

d——喷头主喷嘴直径（m）。

（2）喷头布置形式

喷头布置形式、位置和间距应根据喷头水力特点、风向、风速和地形坡度，采用三角形或正方形的布置形式，满足喷灌强度和喷灌均匀度的要求。确定喷头组合间距常用的方法有三种：第一种是先选喷头定参数，再定间距，然后验算是否满足喷灌质量要求；第二种是先控制喷灌质量的参数，再据以选择喷头质量的参数，然后确定间距；第三种是先确定组合间距，再按喷灌质量要求找出控制条件，然后据以选择喷头及其参数。园林绿地灌溉管网一般采用第一种方式，等间距（等密度）布置喷头，最大限度地满足喷灌均匀度要求，保证无风或微风情况下，不向喷灌区域外大量喷洒，充分考虑绿地植物对喷洒效果的影响，

避免因植物遮挡而出现漏喷现象。

一般喷头布置的方式如图 7-4 所示，正方形全圆形喷洒（$L=b=1.42R$）布置，设计简便，容易做到使各条支管的流量比较均衡，中心喷水量偏少，在风向改变频繁的地方效果较好，适用于地块规则，边缘呈直角的区域；正三角形全圆形喷洒（$L=1.73R$，$b=1.5R$）布置，抗风能力较强，喷洒均匀度较高，所用喷头的数量相对较少，但不易做到使各条支管的流量均衡，用于边界不规则地块或边界开放的地块；矩形扇形喷洒（$L=R$，$b=1.73R$）布置，较前两种形式节省管道，适合灌溉有直线边界和角落的地区；等腰三角形扇形喷洒（$L=R$，$b=1.87R$），布置，抗风能力强，喷洒均匀度高，而且喷头数量较少，投资少，适用于地形不规则、起伏较大的绿地。

闭边界喷灌区域布置喷头的顺序是：首先在喷灌区域边界的转折点上布置喷头，然后在转折点之间的边界上按照一定的间距布置喷头，任何两个转折点之间的喷头间距应尽量相等，最后在边界之间的区域里布置喷头。同一个轮灌区内喷头的密度尽量相等。对于开边界喷灌区域，布置喷头应先从喷灌技术要求较高的区域开始，向喷灌技术要求较低的区域延伸。喷头布置还要考虑到喷头工作时不应影响人的通行，不应损害花木和绿地附属设施。为适应特殊的工程条件，同一地域可以采用上述各种不同模式的组合。例如，当一块较大草坪既有草坪又有乔木和灌木丛，就需交错使用不同的模式。遇到乔木或灌木丛可以交错使用正方形或矩形或三角形模式，绕过或穿

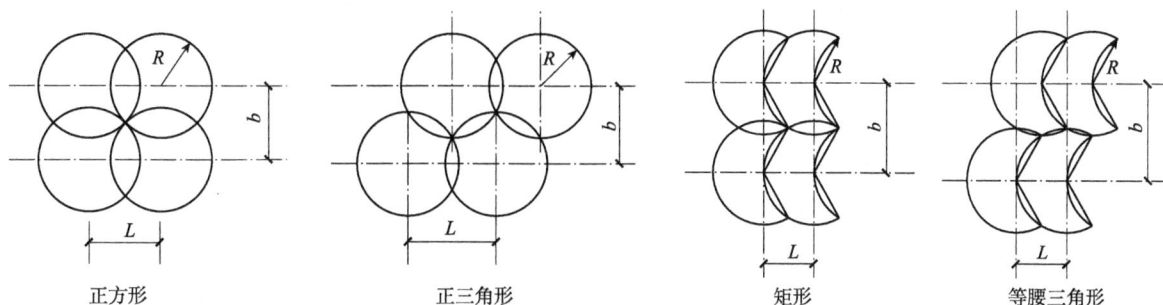

图7-4　喷灌喷头布置形式（依《城市绿地节水技术》改绘）

L. 喷头间距；*b*. 支管间距；*R*. 射程

过障碍物后，其他地方仍可以使用原有喷头间距模式。对于曲线边界，可采用从正方形或矩形模式变到平行四边形或三角形模式布置喷头，还可以再变到原来的布置模式，这样既能灌溉整个区域，又能避免在曲线边界以内喷头过于集中和灌溉区域超出边界。

喷头布置工作完成之后，必须核算喷灌强度和喷灌均匀度。当喷灌强度或喷灌均匀度与设计值不符时需要重新进行喷头选型和布置工作，直到满足设计要求为止。一般情况下，喷头的生产厂家可以提供喷头的水量分布资料，设计时便可以根据喷头的布置形式和组合间距，确定喷灌系统的喷灌强度和喷灌均匀度。表7-4是国内近年来广泛使用的PY1系列摇臂喷头在不同风速、满足均匀系数75%条件下的最大组合间距。每一档风速中可按内插法取值，在风向多变的区域采用间距组合时，应选用垂直风向栏的取值。

表7-4 喷头组合间距（丁文铎，2000）

设计风速（m/s）	组合间距	
	垂直风向	平行风向
0.3~1.6	（1~1.1）R	1.3R
1.6~3.4	（0.8~1）R	（1.1~1.3）R
3.4~5.4	（0.6~0.8）R	（1~1.1）R

喷头布置的合理性不仅关系到灌溉用水量，喷灌的均匀度，还影响喷灌系统的工程造价。绿地喷灌系统的喷头布置，首先应该满足技术方面的要求，其次应该满足经济方面的要求，力求降低前期的工程造价和后期的运行费用，充分发挥优化设计的作用，最后还应兼顾喷洒效果的景观要求，使运行中的喷灌系统能够为周边的环境增添一道绚丽的风景。

7.2.3.3　续灌和轮灌区划分

喷头布置好后还要制定灌溉系统工作制度。灌溉系统的工作制度有续灌和轮灌两种。

（1）续灌

续灌是对系统内的全部管道同时供水，即整个灌溉系统作为一个轮灌区同时灌水，灌水及时，运行时间短，便于其他管理操作的安排，但是干管流量大，工程投资高，设备利用率低，控制面积小。因此，续灌的方式只适用于单一草坪且面积较小的情况。

（2）轮灌

对于绝大多数灌溉系统，为减少工程投资，提高设备利用率，扩大灌溉面积，一般均采用轮灌的工作制度，即将支管划分为若干组，每组包括一个或多个阀门，灌水时通过干管向各组轮流供水。轮灌可以解决水源供水不足的问题，如对于一个20 000m² 绿地的专业化喷灌系统，如果所有的喷头同时喷洒，需水量会高达200~300m³/h，这在许多情况下是难以实现的，所以对于规模较大的喷灌系统，必须进行轮灌区划分，根据水源的供水能力给喷灌系统限量供水。轮灌区划分还可以降低喷灌系统的工程造价和运行费用及对供水管网的要求。划分轮灌区后，大大减小了喷灌系统的需水流量，从而降低了喷灌系统的干管管径和管网成本。对于自压型喷灌系统，小水量供水自然可以降低喷灌系统的运行费用。划分轮灌区也是为了满足不同植物的需水要求。不同的植物在不同的时期有不同的需水要求，在规划设计中只有根据植物的需水特点，分区进行控制性供水，才能有效地满足不同植物的需水要求。

为便于运行操作和管理，通常一个轮灌组所控制的范围最好连片集中。轮灌的编组应该有一定规律，以方便运行和管理。对于水泵供水且首部无恒压装置的系统，每个轮灌组的总流量应尽可能一致或相近，以使水泵运行稳定，提高动力机和水泵的效率，降低能耗；同一轮灌组中，选用一种型号或性能相似的喷头，植物种类一致或对灌水的要求相近，且工作喷头总数应尽量接近，从而使系统的流量保持在较小的变动范围之内。制定轮灌顺序时，应将流量分散到各配水管道，减小管径，降低造价，避免流量集中于某一干管配水。对于自动控制系统，轮灌组的流量应与电磁阀的允许通过的流量相一致。轮灌编组时，使地势较高或者路程较远的组别喷头数略少，地势较低或者路程较近的组别喷头数略多，以利于保持增压水泵始终工作在高效区。

轮灌组的数目，取决于每天允许运行时间、灌水周期和一次灌水延续时间。对于固定式灌溉系统，其轮灌组数目可根据下式确定：

$$N < \frac{CT}{t} \qquad (7\text{-}12)$$

式中　N——系统允许划分轮灌组的最大数目，取整数；

　　　C——1d 运行的时长（h），一般不超过 20h；

　　　T——灌水周期；

　　　t——一次灌水延续时间（h）。

屋顶绿化的灌溉周期一般控制在 10~15d。当屋顶绿化基质较薄时，可根据植物种类和季节适当缩短。运行时间是指灌溉系统每天工作的小时数。设计运行时间应根据绿地功能、水源条件和运行管理要求确定，应保证必要的系统维修时间。一般园林绿地，设计运行时间不宜大于 16h；高尔夫球场绿地，不宜大于 20h。

7.2.3.4　管网和管材

在灌溉制度和轮灌区划分的同步进行管道布置。每个轮灌区设置独立的次干管和支管、毛管。管道布置应力求管线平顺，少穿越障碍物，避开重要建筑物、古树和珍奇植物。微灌支管宜垂直于植物行向布置，毛管宜顺植物种植行布置。管网的布置形式主要有树状管网、环状管网或混合管网三种形式，如图 7-5、图 7-6 所示。

管道系统的分级包括干管、分干管、支管。应根据实际地形、水源条件提出几种可能的布置方案，然后进行经济、技术比较，应与排水系统、道路、林带、供电系统及建筑物等规划密切结合。泵站或主供水点应尽量布置在整个喷灌系统的中心，以减少输水的水头损失。喷灌系统应根据轮灌要求设置适当的控制设备，一般每根支管都应装有闸阀，以便于支管轮灌。

干管应沿主坡度方向布置，在地形变化不大的地区，支管应与干管垂直，并尽量沿等高线方向布置，有利于控制支管的水头损失，使支管上各喷头工作压力均匀，管道总长度尽量短，这样既可降低

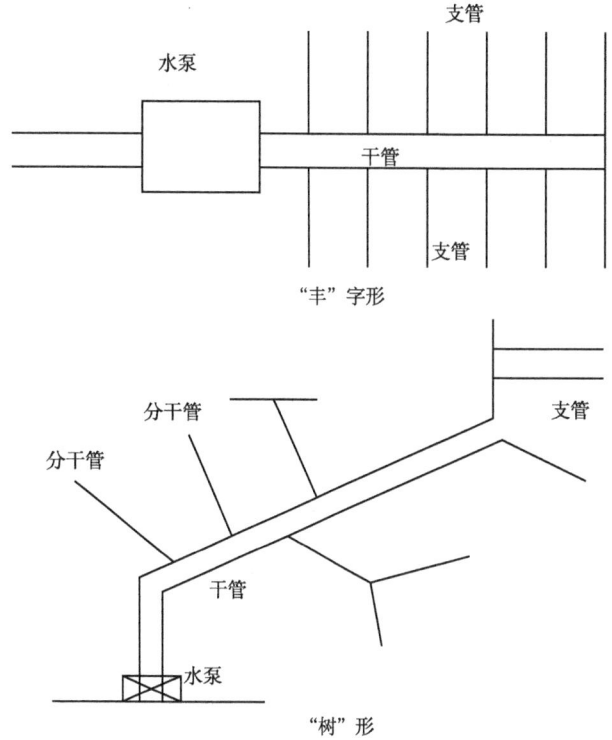

图7-5　树状管网布置方式
（依《城市绿地节水技术》改绘）

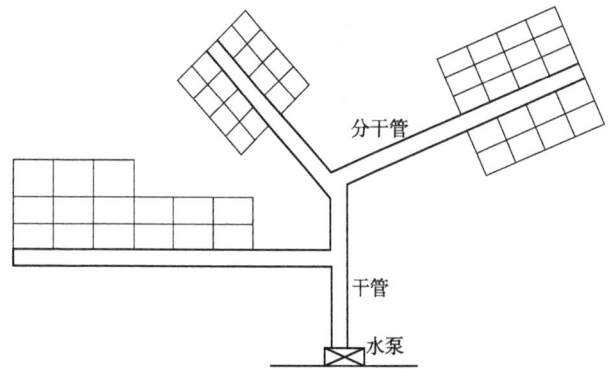

图7-6　环状管网布置方式
（依《城市绿地节水技术》改绘）

造价又有利于水锤防护；在经常刮风的地区应尽量使支管与主风向垂直，在有风时可以加密支管上的喷头，以补偿因风力造成喷头横向射程的缩短；且充分考虑地块的形状，力求使支管长度一致，规格统一；支管不可太长，半固定式系统应便于移动，而且应使支管上首端和末端的压力差不超过工作压力的 20%，以保证喷洒均匀。干管与分

干管、分干管（或干管）与喷洒支管连接处，应避免锐角相交造成不利的水力条件；在地形起伏的地方，干管应布置在高处，而支管应自高处向低处布置，这样支管上的压力比较均匀。

喷灌系统管道埋设于土壤中，管材应根据系统供水压力要求、耐腐蚀等技术要求并结合经济因素确定。常用的有钢管、塑料管和复合管。钢管承压能力大，造价高，但防腐要求高，使用寿命一般为30年。硬聚氯乙烯（PVC-U）管和聚乙烯（PE）管等塑料管耐腐蚀，重量轻，管道水力条件好，且能适应一定的不均匀沉陷，一般可用20年以上。复合管有锦纶涂塑软管和维纶涂塑软管，重量轻，价格低，可广泛使用。管径小于400mm时宜选用塑料管，管径大于400mm时可选用玻璃钢管、钢筋混凝土管、钢筒混凝土管等；山丘区不具备地埋条件时宜选用金属管。管材的允许工作压力应不小于水击时产生的最大压力；塑料管的允许工作压力不应低于管道设计工作压力的1.5倍。管道连接方式及连接件应根据管道类型和材质选择。

7.2.4 喷灌管网水力计算

（1）设计流量和管径

在管道布置确定后，下一步是确定各系统设计流量和各级管道的管径。每个轮灌区的管网单独计算，总设计流量按最大轮灌组的设计流量确定。喷灌系统工作时连续均匀喷水，设计管段设计秒流量根据灌溉过程中同时运行的喷头流量累加确定。

$$Q_s = \frac{nq}{3600\eta} \qquad (7-13)$$

式中　Q_s——计算管段设计流量（m^3/s）；

　　　n——计算管段上连接的喷头数；

　　　q——单个喷头流量（m^3/h）；

　　　η——管道系统水利用系数，取0.95~0.98。

管径的选择原则是选取在投资年限内，管网造价和经营管理费用之和最小时的流速（即经济流速）所对应的管径。一般情况下，流速不应低于

0.3m/s，最大流速不宜超过2.5m/s，一般取2m/s。

（2）设计供水压力

绿化灌溉给水管网最小服务水压要满足系统中最不利点喷头的出水要求，根据公式（7-14）计算。系统中有多个轮灌区的，分区单独计算，取较高值作为增压设备选型或市政管网压力校核的依据，同时设置调压阀门，保证其他轮灌区的喷头获得适宜的水压。喷灌系统中压力变化较大时，应划分压力区域，并分区进行设计，较充分地利用资源。

$$H = \Delta H + h_f + h_j + h \qquad (7-14)$$

式中　H——管网最小服务水压（mH_2O）；

　　　ΔH——水泵水源点距离最不利供水点的高程差（mH_2O）；

　　　h_f——沿程水头损失（mH_2O）；

　　　h_j——局部水头损失（mH_2O）；

　　　h——喷头工作压力（mH_2O）。

为保证设计射程，喷头的实际工作压力不得低于设计喷头工作压力的90%。干管沿程水头损失为：

$$h_f = f\frac{LQ^m}{d^b} \qquad (7-15)$$

式中　h_f——沿程水头损失（mH_2O）；

　　　f——摩阻系数；

　　　L——管长（m）；

　　　Q——流量（m^3/h）；

　　　d——管内径（mm）；

　　　m——流量指数；

　　　b——管径指数。

f、m、b取值与管材有关。局部水头损失为：

$$H_j = \xi\frac{v^2}{2g} \qquad (7-16)$$

式中　H_j——局部水头损失（m）；

　　　ξ——局部阻力损失系数，与管件、阀门的类型与大小有关；

　　　v——管道流速（m/s）；

　　　g——重力加速度（取9.81m/s^2）。

对于较大的灌溉系统，如按照公式计算各个管件、阀门处的局部水头损失，工作量将十分大。

因此在实际设计工作中，一般先计算出沿程水头损失 H，然后取局部水头损失 $H_j=10\%H_f$ 即可满足设计要求。

喷灌微灌系统中经常遇到的是沿程等间距多出口管道，如喷灌支管、微灌支管、毛管等，每隔一定距离有一个喷头或滴头或毛管分流，这种等间距、等流量分流的管道称作多孔出流管（简称多孔管），其特点是流量沿程逐渐减小，至末端流量等于零。计算多孔管的沿程水头损失应分段进行，手工计算的工作量较大，简化计算方法可以依据管道最大流量，先计算沿程流量不变时的水头损失，再乘以一个小于 1 的折减系数，便可求得多孔管的沿程水头损失。这个系数称为多口系数。F 值可由设计手册中查得。

$$F = \frac{h_{jz}}{h'_{jz}} \qquad (7\text{-}17)$$

式中　h_{jz}——假定管内流量沿程不变且都等于多口出流管首端流量时之沿程水头损失（mH_2O）；

h'_{jz}——多口出流管道实际的沿程水头损失（mH_2O）。

设计时，一般不用对所有支管进行计算，可选取最不利条件下的支管进行水力计算。最不利条件在大多数情况下发生在距首部最远的支管或系统内地形最高部位的支管。若系统的压力能满足这些支管的压力要求，也就自然满足其他支管的压力要求。支管的水力计算主要依据喷洒均匀的原则，即要求支管上任意两个喷头的出水量之差不能大于 10%。将这一原则转化为对压力的要求，即不能使支管上任意两个喷头处的压力超过喷头设计工作压力（H）的 20%（丁文铎，2000）。设计时，不仅要计算水头损失，还要考虑地形对压力的影响。当校核相邻两喷头间压力差不满足这个要求时，需要重新调整管网布置重新计算。

7.2.5　喷灌系统附件

绿地喷灌系统安全设施具体包括止回流、水锤防护和管网的冬季防冻等内容的阀门。

绿化用水优先使用非常规水源，如中水、雨水等。特殊情况下，城市可以采用市政给水管网作为喷灌水源时，必须在总干管入口处安装止回阀或倒流防止器。因为绿地灌溉系统中大部分喷头是地埋式喷头，喷头周边的水受到绿地肥料、除草药剂或者是动物粪便的污染，一旦供水管网由于附近管网检修、消防车充水，或局部管网停水等造成管网压力局部降低，管网中出现负压，喷头周围地面的水质较低的积水都可能倒流至供水管网。这种现象是不允许出现的，必须设置止回阀或倒流防止器来防止污水倒流。

在园林绿地灌溉中，为便于临时取水或对不易控制的边角地段进行人工灌溉，一般需在主管道上安装一定数量的快速取水阀。快速取水阀与其配套钥匙配合使用，插入钥匙即可开启阀门供水；当要停止灌水时，只需取下钥匙，阀门会自动关闭。

灌溉区域管网中，在地形起伏的地面布置干管、分干管和支管，当开始供水时，空气将向管段高处聚集，形成气囊，减少管道的流量。气囊还在管道内来回游动，导致水流不稳定，直接影响喷头的正常工作。严重时，由于管中空气被迅速压缩，容易在管中产生水锤现象。在土壤关闭流量控制阀时，管内某些部位形成水位分离，产生真空，易损坏管道，因此应在管道高处、主管道和分干管连接的三通处或干管的尾部等处安装排气阀。

泄水阀设置在管道末端或地形凹处，作用是冲洗掉积存于管道内的泥沙和杂物，并在非灌溉季节放空管道积水，避免冬季冻坏管道。常见的泄水阀有自动泄水阀、手动泄水阀和冲洗型泄水阀三种。自动泄水阀使用简单，安装工作完成后一般不需要维护管理。但是，由于每次喷灌作业后都要将管道中的水自动排泄，造成水的浪费。手动泄水是一种节水型防冻措施，这种方法操作简便、工作可靠，但对施工技术和质量的要求较高。手动泄水阀必须设置在阀门井中，井中设置脚磴，井底用碎石铺垫，可以促进水的渗漏。泄水井可以是独立的，也可以与喷灌控制井或雨水井共用。当为共用时，必须做好井底的铺垫处理。

如果喷灌区域的地形、地势比较复杂，或者因为绿地覆土较浅，难以靠管线找坡的方法实现泄水，可以借助空压机来完成泄水防冻的任务。使用时将空压机与管网连接，一般安装在喷头的位置。可按轮灌区分组泄水，这样小型空压机就能满足泄水要求，也可以对整个喷灌系统同时泄水，操作更加简便。泄水阀应与排水沟相连接，防止因任意泄水而产生局部积水。

阀门的突然启闭或事故停泵是引发水锤的直接原因。前者引起的水锤压力会达到管道正常工作压力的数倍，后者引起的水锤压力则会达到管道正常工作压力的几十倍甚至上百倍。水锤消除器的作用是消除水流过量压力对管道的冲击，阀内多有弹簧，超过工作压力时，它就会自动打开，使系统压力降低，一般安装在系统的首部，当系统很大且地形起伏大时，田间部分也需适量安装一些。

作为一种灌水方式，喷灌不仅可以满足园林绿地和运动场草坪的养护需要，也为人们的生活环境增添一道靓丽的风景。在喷灌系统的规划设计中，根据地形、地貌和种植条件，以及周边的人文环境，在满足喷灌强度和喷灌均匀度的条件下，运用良好的雾化效果和优美的水形的喷灌喷头，并按照一定方式排列组合，还可以营造优美的景观效果。

思考题

1. 园林绿地节水灌溉有哪些方式？如何选用？
2. 园林绿地喷灌系统的组成部分及其作用是什么？
3. 如何确定喷灌系统用水量？如何确定水源？
4. 喷灌系统有哪些附件？各有什么作用？

推荐阅读书目

1. 园林给水排水工程施工.《看图快速学习园林工程施工技术》编委会.机械工业出版社，2014.
2. 城市绿地喷灌.丁文铎等.中国林业出版社，2000.
3. 草地灌溉与排水.苏德荣.中国林业出版社，2022.
4. 人工草地灌溉与排水.郑守林.化学工业出版社，2005.

参考文献

陈静，杨逢乐，和丽萍，2006. 云南省高原湖泊人工湿地技术规范研究 [M]. 昆明：云南科技出版社.

陈祺，季洪亮，等，2012. 水系景观工程图解与施工 [M]. 北京：化学工业出版社.

崔星，尚云博，2018. 园林工程 [M]. 武汉：武汉大学出版社.

丁文铎，2000. 城市绿地喷灌 [M]. 北京：中国林业出版社.

郭文献，刘武艺，王鸿翔，等，2015. 城市雨洪资源生态学管理研究与应用 [M]. 北京：中国水利水电出版社.

韩琳，2012. 水景工程设计与施工必读 [M]. 天津：天津大学出版社.

金儒霖，2006. 人造水景设计营造与观赏 [M]. 北京：中国建筑工业出版社.

金儒霖，张敖春，2017. 喷泉水景与水幕电影设计营造 [M]. 北京：中国建筑工业出版社.

金亚征，常美花，2011. 零起点就业直通车：园林节水灌溉 [M]. 北京：化学工业出版社.

孔海南，吴德意，2015. 环境生态工程 [M]. 上海：上海交通大学出版社.

李泉，廖颖，2004. 城市园林水景 [M]. 广州：广州科技出版社.

刘洪禄，吴文勇，2006. 城市绿地节水技术 [M]. 北京：中国水利水电出版社.

刘祖文，2010. 水景与水景工程 [M]. 哈尔滨：哈尔滨工业大学出版社.

宁荣荣，李娜，2012. 园林水景工程设计与施工从入门到精通 [M]. 北京：化学工业出版社.

区伟耕，梁春阁，2002. 园林景观设计资料集：水景·桥 [M]. 昆明：云南科技出版社.

彭欣，洪敏敬，刘三明，2016. 浅析景观水体治理技术——循环景观水系统 [J]. 中国环保产业（12）：64-66.

齐康，2013. 城市绿地生态技术 [M]. 南京：东南大学出版社.

秦明，2011. 人工湿地工程 [M]. 上海：上海交通大学出版社.

全红，2020. 海绵城市建设与雨水资源综合利用 [M]. 重庆：重庆大学出版社.

水利部国际合作司，水利部农村水利司，中国灌排技术开发公司，等，1998. 美国国家灌溉工程手册 [M]. 北京：中国水利水电出版社.

田建林，2012. 园林景观水景给排水设计施工手册 [M]. 北京：中国林业出版社.

王磐岩，2011. 风景园林师设计手册 [M]. 北京：中国建筑工业出版社.

闫宝兴，程炜，2005. 水景工程 [M]. 北京：中国建筑工业出版社.

杨至德，2016. 园林工程 [M]. 4 版. 武汉：华中科技大学出版社.

杨钟亮，2022. 基于"城市水系双修"的河道生态景观规划研究——以丹阳市老城水系绿化景观规划为例 [J]. 中国园林（S1）：102-107.

中国核电工程有限公司，2012. 给水排水设计手册　第 2 册　建筑给水排水 [M]. 3 版. 北京：中国建筑工业出版社.

中国建筑标准设计研究院，2009. 全国民用建筑工程设计技术措施. 给水排水 [M]. 北京：中国计划出版社.

朱莉·戴克，2017. 生态景观设计 [M]. 常文心，译. 沈阳：辽宁科学技术出版社.

附录 相关标准、规范等

《城市水系规划规范》（GB 50513—2009）（2016 年版）

《地表水环境质量标准》（GB 3838—2002）

《景观水水质标准》（T/CECA 20005—2021）

《城市用地分类与规划建设用地标准》（GB 50137—2011）

《公园设计规范》（GB 51192—2016）

《风景园林基本术语标准》（CJJ/T 91—2017）

《喷泉水景工程技术规程》（CJJ/T 222—2015）

《喷泉喷头》（CJ/T 209—2016）

《污水综合排放标准》（GB 8978—1996）

《城镇污水处理厂污染物排放标准》（GB 18918—2002）

《室外排水设计标准》（GB 50014—2021）

《城市污水再生利用 景观环境用水水质》（GB/T 18921—2019）

《河湖生态保护与修复规划导则》（SL 709—2015）

《湖泊流域入湖河流河道生态修复技术指南》（生态环境部，2014）

《国家湿地公园评估标准》（LY/T 1754—2008）

《人工湿地水质净化技术指南》（生态环境部，2021）

《水处理用滤料》（CJ/T 43—2005）

《建设用卵石、碎石》（GB/T 14685—2011）

《全国民用建筑工程设计技术措施：给水排水（2009 年版）》（住房和城乡建设部工程质量安全监管司 中国建筑标准设计研究院，2009）

《建筑给水排水设计标准》（GB 50015—2019）

《建筑给水排水与节水通用规范》（GB 55020—2021）

《建筑给水排水及采暖工程施工质量验收规范》（GB 50242—2002）

《民用建筑节水设计标准》（GB 50555—2010）

《防洪标准》（GB 50201—2014）

《城镇内涝防治技术规范》（GB 51222—2017）

《建筑与小区雨水控制及利用工程技术规范》（GB 50400—2016）

《城镇雨水调蓄工程技术规范》（GB 51174—2017）

《海绵城市建设技术指南——低影响开发雨水系统构建（试行）》（中华人民共和国住房和城乡建设部，2014）

《地面气象观测规范 空气温度和湿度》（GB/T 35226—2017）

《海绵城市建设评价标准》（GB/T 51345—2018）

《种植屋面工程技术规程》（JGJ 155—2013）

《透水路面砖和透水路面板》（GB/T 25993—2010）

《屋面工程技术规范》（GB 50345—2012）

《城市绿地设计规范》（GB 50420—2007）（2016 年版）

《园林绿化工程项目规范》（GB 55014—2021）

《园林绿化养护标准》（CJJ/T 287—2018）

《喷灌工程技术规范》（GB/T 50085—2007）

《微灌工程技术标准》（GB/T 50485—2020）

《节水灌溉工程技术标准》（GB/T 50363—2018）

《管道输水灌溉工程技术规范》（GB/T 20203—2017）

《园林绿地灌溉工程技术规程》（CECS 243：2008）

《农田灌溉水质标准》（GB 5084—2021）

后　记

　　城市建设中的水体不仅能美化环境，成为建筑空间的亮点，满足人们对美的需求，同时可以作为古今文化的符号和象征，还可以调节气候、提高环境质量、丰富地域风貌、营造特色生态景观。现代化的水景通常结合环境艺术效果、风格及其与其他景物衬托，将动水和静水交叉设置，体现环境的优美效果。自然界中水的流动需要高差来实现，在地形地势不满足流动条件时，需要增加工程设施。现代城市中具有艺术特色的水景都是工程和艺术的结合，艺术是形式，但必须通过合理的工程技术手段实现，尤其是可持续的水景，不仅要考虑短期的水质水量，更要结合水的基本特性保证长期的水景艺术效果。景观水工程的研究对象是自然界中不同形态的水，景观是否成功取决于水体的水位、动感和声音，因此，在景观水工程设计时必须要考虑各种因素。

　　人工营造的水景，必须要有稳定的水量以保持一定的水位来实现特定的景观效果，土壤的渗透性是保证水量稳定的重要因素。地下水位也会影响地表水和地下水的互通，还会对水池池壁造成较大压力，影响结构稳定性。水景需要一定的水位保证景观效果，在外界水源水量不足时需要补水，在水量过多时需要排水，因此要考虑营造地区的水源条件和进出水通道。还要考虑风力与风向等气候条件，因为风力和风向会影响水的形态或蒸发量，水景的位置应尽可能地避开开阔通风处以减少蒸发量，尤其在冬季，风口处会比避风处温度低得多，水更易结冰。在不同季节和时间，光照的角度是营造倒影的重要因素，如果水景中有植物，光照也是植物生长旺盛的基础条件，在合适的位置设置水景，可利用光照与周围其他景观要素营造特定的光影效果。为产生特定的压力水形态，有时还需要设置增压设备和照明设施，区域供电条件和电缆要能够保证设施的运行和安全。

　　景观水工程设计由景观工程（景观艺术设计）、土建结构（池体及表面装饰）、给排水（管道阀门、喷头水泵、水质的控制）、电气与自控（灯光、水泵控制）等多个专业配合完成。各专业都要注意工程技术的可靠性，为统一的景观水工程功能服务。景观水工程的最终效果不是单靠艺术设计就能实现的，它必须依靠每个专业具体的工程技术来保障，只有各个专业协调一致，才能达到最佳效果。要打造一个风景优美、功能突出、特色显著的景观水作品，保证工程建设的顺利实施，景观水工程设计必须遵循以下原则。

　　①科学性原则　景观水工程设计，必须依据水的基本特性和水循环的特点进行。如在水的形态改造设计中，设计者必须掌握场地的土壤地形、地貌及气候条件的详细资料，明确水体的来源和去向。以种植水生植物为目的的水池，要注意植物对水深的要求；以戏水为目的的水景，要注意水质的保障措施。

②节水性原则　水资源紧缺是全球关注的问题，景观水在实现景观效果、满足系统供水要求的同时，必须贯彻节水理念，要前瞻性地创造可持续发展的景观水工程。干旱缺水地区设计景观水项目要尤其慎重，考虑蒸发和渗透的影响，系统用水要设计为持续循环利用，水源应选择再生水，并结合区域雨水收集利用设计。

③艺术性原则　景观水工程设计应尽可能地满足环境总体布局和造景在艺术方面的要求，充分利用地表地物和自然景色，尽量做到顺应自然、巧借自然、美化自然和融于自然，使天工、人力协调呼应，同时注意各种管线的合理搭接及其隐蔽方法。

④安全性原则　要考虑水景运行和非运行期间的安全性，这比水体的美观更重要。在景观水工程设计时必须严格控制水深，保证水质，同时避免电路漏电。

⑤经济性原则　经济条件是景观水工程建设的重要依据。不同水体、不同造型、不同水势，所需提供的能量不同，即运行经济性是不同的。一方面，可以通过优化组合与搭配、动静结合、按功能分组等措施降低运行费用；另一方面，可以发挥景观水工程的多功能作用，如将水景中的水域空间与城市消防用水、绿化用水、防洪排涝、雨水收集利用等结合起来。同样一个场地，设计方案不同，所用建筑材料不同，其投资差异会很大，应根据建设单位的经济条件，以有限的资金打造尽可能好的效果。

城市因水而兴、由水而荣，水是城市的命脉和灵魂。21世纪的城市不仅要提供财富增长的机会，而且要迎接生态的、绿色的、环境的、美学的、文化的、科技的和社会的多方面变革。景观水工程是城市中有着巨大潜力的空间领域，将会凭借其独特的资源和多方面的优势越来越受到关注。